我只是敢和别人不一样

周宏翔 著

天地出版社 TIANDI PRESS

图书在版编目（CIP）数据

我只是敢和别人不一样 / 周宏翔著. —成都：天地出版社，2021.4
ISBN 978-7-5455-6205-7

Ⅰ. ①我… Ⅱ. ①周… Ⅲ. ①成功心理－通俗读物 Ⅳ. ①B848.4-49

中国版本图书馆CIP数据核字（2020）第272924号

WO ZHISHI GAN HE BIEREN BU YIYANG
我只是敢和别人不一样

出 品 人	杨　政
作　者	周宏翔
特邀策划	关　耳
责任编辑	王　絮　高　晶
封面设计	Gabryl Duke Workshop
内文排版	孙　波
责任印制	王学锋

出版发行	天地出版社
	（成都市槐树街2号　邮政编码：610014）
	（北京市方庄芳群园3区3号　邮政编码：100078）
网　　址	http://www.tiandiph.com
电子邮箱	tianditg@163.com
经　　销	新华文轩出版传媒股份有限公司

印　　刷	北京文昌阁彩色印刷有限责任公司
版　　次	2021年4月第1版
印　　次	2021年4月第1次印刷
开　　本	880mm×1230mm　1/32
印　　张	9
字　　数	200千字
定　　价	48.00元
书　　号	ISBN 978-7-5455-6205-7

版权所有◆违者必究
咨询电话：(028) 87734639（总编室）
购书热线：(010) 67693207（营销中心）

如有印装错误，请与本社联系调换

再版序

2015年的夏天，我的人生正处在纠结又混沌的时刻，当时我正在做一家培训机构，模式却和市面上大多数培训班的大相径庭。我们不补课，不填鸭，不为了考试而培训，我们旨在在更早的阶段对孩子的未来进行分析和规划，帮他们找到兴趣所在。这样他们不至于在高考的时候，麻木迷茫，不知道何去何从。但我们的模式失败了。

那一年的夏天，为了偿还项目的借款，我不得不尝试找另一条路来解决手头上的资金问题。于是我从零开始，做起了微信公众号，那是微信公众号萌芽的阶段，我以每天一篇小故事的模式经营着。还记得那个时候，夜里下班回家，我先要整理一天的工作内容准备次日的资料，然后和员工在线上开个小会，接着就是花一小时来写故事，赶上每晚十点的更新。大概是因为日子苦，倾诉欲强，那时候基本上打开文档，我就会有一些奇思妙想涌出来，而这本《我只是敢和别人不一样》（下文简称为"《不一样》"）就是在这样的环境下写出来的。那间二十来平方米的小房子，是我工作以来住过的最差的屋子，极小极破，好在它冬暖夏凉。因为洗澡水都是通过太阳能加热的，所以一旦遇到阴雨天，水就烧不热，我只能拿着毛巾去楼下的澡堂和一群中年男人泡在一起。在那热气腾腾的水池里，我开始对自己的人生产生怀疑。为什么不回家呢？在外地硬撑的目的是什么？如果我不能留在大城市，那么我还要与命运做什么无谓的对抗呢？

我一下想到了王爷，对，就是我在这本书里花了大量篇幅去讲述的一个女生。她是我辞职创业前的一位同事，果敢，倔强，有想法，而且时不时冒出几句金句，让人醍醐灌顶。她姓王，人又霸气，所以我们叫她"王爷"。她说："人和人的不一样，就体现在每一个转角的选择，没有人能保证他的所有选择都是对的，但是那些和别人选择的'不一样'就是他人生的意义。"这句话是我在一次夜里闲聊时听来的，当时她也就随口一说，我觉得太对了。泡完澡的某天晚上，我回去写下了关于王爷的一个短篇。至今觉得神奇，那篇文章像是在安慰自己，实际上却慰藉了众多灵魂，一夜之间被疯狂转发，吸粉无数。在那之后，我又紧接着写了几个关于王爷的故事，但凡当晚是王爷的故事上线，必成爆款。

很久之后，我和王爷聊天，我说："与其说是我成就了那本书，不如说是你成就了那时候落魄的我。"王爷却不以为然地说："成就都是相互的，没有你就没有故事，没有故事也就没有那么多人知道王爷，从你落笔的那一刻起，这个故事就已经与我无关了。"

《不一样》迅速成为市面上的畅销书，很多人都在各大榜单上看到这本书,以及我的名字。越来越多的人开始关注我,甚至盗版书摊上都随处可见这本书。那段时间,因为这本书,我的生活也开始慢慢走向了正轨。陆陆续续也收到很多私信,告诉我这本书给他们带来的力量和另一种"不一样"。总的来说,真的是要谢谢"王爷"和她的故事。

但因为当时是一时兴起而为之,所以故事简短,我也没有花太多篇幅去详细讲述王爷这些年工作的起起落落。在接下来的五年时间里,我切切实实把王爷的故事又改编成了长篇小说,但始终时不时地会想起这本《不一样》。

在我众多的作品里,这本书给了我巨大的力量,也让我重新回到写作的舞台上。在此,我想对故事里的她由衷地说一声感谢。

这些年,我已经不习惯讲人生道理了,觉得那都是老生常谈了,但还是需要有人去鼓励那些处在低谷的人。好在,这本书并没有空泛地讲着口号式的道理,还是用一个又一个故事慰藉着大家。

当决定再版的时候,我和编辑商量,除了修订之前的内容,也需要加入这些年来我的一些新的思考,所以有了增补的内容,希望你能喜欢。

我相信,它适合每一个在生活中倔强活着的人,也适合那些想要却还没拿出勇气的人。

序　言

做王爷不是你唯一的选择，但独立一定是

——丁丁张

我喜欢唱反调。

我有时候逛书店，会站在店里生闷气。因为有的书质量实在不敢恭维，所以当有作者找我写序或者写推荐的时候，我基本都要认真看看书稿。说是要对自己的推荐负责，其实是想看看书的内容是不是会让我生闷气，但最终我都写了推荐。

我三十六岁，已经不敢得罪小朋友们了，尤其是那些可能会红的。江湖上打照面时我都不跟他们较量，闪到一边，暗运真气，尽量显得很高端的样子，有时候会摸摸他们的头说"乖哦"。其实，天晓得他们会不会嫌弃我搞乱他们的发型。

不过，我依然喜欢唱反调。

周宏翔的作品，我刚开始读的时候觉得很难受。首先，它是个新品种，你很难定义它，如果说是杂文，没有哪种杂文有那么多的对话；其次，它大部分篇幅都在讲一个姑娘的故事。这个姑娘叫王爷，上班达人，天天翻白眼，说狠话，不大招人喜欢，尤其是不大招我这种当过领导的人喜欢，团队里要有十个这样的人，也太难管了。

但基于审慎的态度，我还是找了个年轻的姑娘让她读读看。她看完了之后眼睛发亮，说觉得很好。我就想她一定是找到了自己的知音。

我后来强迫自己接着看，渐渐懂了那姑娘觉得这本书挺好的原因：好姑娘都需要底气撑着，以便在受到伤害、遭到毁灭性打击之后，仍有向前走的勇气和动力。在职场里打拼，大部分时候需要依靠业绩，业绩不行的时候得转换思路，找找职场之道，看怎么提升自己。我粗浅地理解职场关系就是雇佣关系，没那么多道理可讲，但我其实忽略了很多年轻姑娘们的需求，她们有的时候需要看的不光是世界，还有更彪悍的人生样本，哪怕那是虚构的。

有些领导喜欢说"我来补充两句"，作为一直关注周宏翔并总想叮咛他"要进取"的人，我也补充两句："不是你看看书、学学别人的处世之道，就一定能过上更好的生活。上学的时候有句话让我们其中一些人变成了偏执狂和道理癖，这句话叫'努力必有收获'。可其实，往错的方向努力就是错上加错，和负面情境相遇并保持亲密关系永远不会负负得正。而且安身立命，每个人都有自己的存活之道，比如她当'王爷'就可以如鱼得水，你当'王爷'就有可能被发配边疆。"

故事看看就算了，恋爱还是要自己主动谈，工作还得自己动手干。

还有就是，女生未必非要有一个王爷的姿态，高高在上，才算独立。学着一个人上厕所，一个人吃晚饭，一个人看电影，也是一个好的开始。如果连这个都受不了，那你就只能去成立个女子组合了。

独立，也不是不谈恋爱，真正的独立是：一个人挺好，两个人更好，有钱有爱，好上加好。

目 录

One　生活才是最大的爱人

姑娘，你不缺智慧，缺的是女王的精致　/ 003
你我虽不及奢侈品高贵，但如非卖品般独一无二　/ 011
我们对生活才是真正的无微不至　/ 021
想戴上最美的面具，又想卸下所有的伪装　/ 028
万人宠不如一人懂　/ 036
圈子不同，不必强融　/ 044
走再远也走不出你的心　/ 051

Two　相逢的人会再次相逢

爱的密码　/ 059
上帝给你关上一扇门，是为了给你一屋子的礼物　/ 067
被喜欢的人不必道歉　/ 078
可耻的单身大多时候是对自己最诚实的交代　/ 085
我在想你的时候睡着了　/ 095

Three　爱是长在我们心里的藤蔓

致我那正面强攻的精神生活　/ 105

大多数的爱，不过是非分之想　/ 123

我想，我们不能去嫌弃已经拥有的东西　/ 126

他们可能是你远方的亲友　/ 133

没办法恋爱的少女病　/ 137

去年夏天的熊和今年冬天的忧伤　/ 143

Four　孤独是治愈一切的良药

在最饥饿的时刻，吃掉寂寞　/ 155

最好的债　/ 161

不要等到需要我，你才有空说声"嗨！"　/ 173

所有的胖子都是有前途的　/ 180

好好感谢鱼尾纹　/ 191

Five 你是时间给我的最好礼物

你说过的笑话,只是在讨自己欢心 / 201
新年快乐,咱不哭 / 207
情书再不朽,也败给了春秋 / 220
你写进了我的故事,却成不了我的传奇 / 229
我在翻山越岭的另一边,看着你幸福 / 235

Six 新增特辑

别以为你只是个听八卦的人,你自己往往就是八卦本身 / 249
我的生活总有一丝丝的不安,那样就很好 / 253
当别人和你说忙时,是要留时间给更重要的人 / 258
抱歉,我的工作是伺候公司,不是伺候领导 / 262
你要相信,没有几个人真正站在食物链的顶端 / 266

后记 美好的事莫过于找回自己 / 274

One

生活才是最大的爱人

SHENGHUO
CAI SHI
ZUI DA DE
AIREN

*Different
from others*

姑娘，你不缺智慧，缺的是女王的精致

我和王爷在杂物间相遇，她正在吃力地把一个大箱子扛上货架。我走过去帮她推了一把，她满头大汗地说了一声："谢谢。"我说："这箱子起码有十斤，你也不找你们组的男生帮帮忙。"王爷回头道："你又不是第一天进公司，还不知道咱们公司就是女人当男人用，男人当牲口用吗？十斤算什么，我马上还要扛一个二十斤的东西上来。"讲到这里，你或许以为我们是在什么地下工厂做什么见不得人的勾当，可惜不是，我和王爷当时所在的是一家跨六国的大型外企，它坐落在上海最繁华的外滩边上。然而就是在这样的公司，我们在外面永远装作高人一等，谈笑风生，而一进写字楼，就立马变回金字塔底层被压迫的劳动人民。就这样，一年之后，大家都进化成"上到做小秘，下到送快递"的全能型人才了。

王爷之所以被称为王爷，并不是因为她真的活成了女汉子，其实王爷活得一点儿都不爷们儿。相反，她留长头发，穿牛仔短裙，背小坤包，笑起来总是和花儿一样，是个实实在在的妹子，之所以自诩王爷，完全是为了表达自己聪慧、坚强、拒绝性别歧视的态度。

王爷的兴趣爱好比较特别，她会在周末坐汽车去上海周边的农田种蔬菜，也会穿着白衬衫涂上彩色字母到"柔弱者协会"去做志愿者，还会抽空去独立书店做兼职店员，穿着宽大的条纹衣服在书架之间走来走去。王爷，是典型的"乐活族"，过着最质朴的生活，享受着最简单的快乐。

没多久，王爷小组来了新人，是刚刚从高等院校毕业的女孩子。她看起来文静大方，说起话来头头是道。一次大组会，所有人的目光都集中在她身上，她一边用英文流利地讲述这次项目的流程，一边诚恳地询问大家的意见，总而言之，在众人眼中，她是非常出色的新人。

我和王爷在茶水间碰到，我说："你们组那小姑娘不错。"王爷嗤之以鼻，说："啧啧，你们这些男人都是用下半身思考的动物。"我连忙摇头说："不，不，我真的是上半身思考出来的这个结果。"

可一个月后，当我在走廊上再碰到那个小姑娘的时候，我差一点儿认不出她来。她正吃力地拖着箱子，一脸疲惫地看着我，即使涂了粉，也难以掩盖额头上的痘痘。她的头发变得很糙，汗水从脸上滴下来，完全不是当初那文文静静的模样。而当天，她被大老板叫到办公室，出来的时候就在走廊哭了起来。

是夜，王爷邀我吃晚餐，正巧我把今天看到的事情说给她听，她好像若无其事地吃着东西，并不在意。末了，我说："你怎么都不表现出一点儿同情，多好的妹子，就这么毁了。"王爷不由分说地指着旁边桌上的那两个同事，说："你看看她们。"那是比我们早两年进公司的两个女生，如今已经发福得让人觉得悲哀。"怎么了？"

王爷说："你难道没有发现，公司里的每一个女孩都在疯狂变丑吗？换句话说，从你进公司开始，你见到过好看的女孩子吗？当然，我说除了我们这一批人。"仔细想想，还真没有。王爷接着说："你看她们的穿衣风格，我打包票一两年前的她们绝对不是这个样子，但是，有几个女生可以穿着短裙去扛东西？又有几个女生可以穿着漂亮的衣服去终端现场看货品沾惹一身灰？没有，即使坐在办公室里的那些人，你也会发现她们的着装变得越来越单一，因为她们可不想做鹤立鸡群的人。久而久之，所有人都在趋于平庸，想想就恐怖。所以，你说那个小姑娘的事情，我一点儿也不觉得奇怪，何况，这才仅仅是开始。"

我看了她半天，问："那你为什么没有？"

王爷优雅地举起杯子，说："我每周日花两百块去上气质培养课，每天晚上都会花心思考虑第二天穿什么既不显得出众又不显得平庸，即使吃饭喝茶，我都会定好闹钟。做这些或许很麻烦，甚至根本不可能有几个人这么做，但是有什么事情一开始不是麻烦的呢？包括起床，吃饭，都是麻烦事，不是吗？"

"我觉得要是真正为自己考虑的话，宁愿麻烦。"我夹了一块肉。

"根本不会，就像我说的这些事情，在我看来，是必须的，但在大多数人看来，就是装精致、无聊、有钱没地方花、没钱还要格调。他们会觉得定时喝水是很奇怪的事，也会觉得平白无故为什么要去学什么气质课，即使我去乡下种蔬菜，他们也不能理解。我说我是想找个宁静的地方给心放个假，他们就笑着说，那你睡觉好了啊。你看,大多数人喜欢把时间浪费在床上,恰恰从床上起来的状态是最糟糕的。"她说话的声音并不大,但是我估计旁边同事听到了,她们白了王爷一眼,叫了服务员买单走人了。

王爷叹了一口气:"其实,我今天在走廊看见她哭了。"

"你也看见了?"

"嗯,我想很多人估计都看见了,不过,没有人上去安慰她。我想大多数人还是希望她能适应环境吧,但是我上去和她说话了,不过,你绝对猜不到我说了什么。"

"无非是让她看清事实什么的吧。"

"不,我只说,少熬夜,挣再多的钱,换不回你自然白嫩的脸,还有,刘海儿长了,乱。"

之后,那个女孩子状态越来越差,在大组会上开始沉默不语,在办公室埋头苦干到其他人都走光,桌上的文件多而杂乱,座位周围的杂物和她整个人都快要融为一体了。我有时候路过她的工位,都差点儿分辨不出她是不是趴在那里。然而,她并不是唯一的一个,公司的大部分员工都是这样的状态,这样的状态甚至烘托出一种视死如归的决绝气氛。

因为一张设计图,我和那个女孩子有了正面的交流,她总是毛毛躁躁,忘记细节之后跑过来跟我道歉,而我一抬头,就看见她木讷而充满倦容的脸。我说:"没事儿,你回头补上给我吧。"她就急急忙忙跑开了。

去青岛出差的飞机上,我恰好和王爷同行。我说:"你有空得劝劝她,我觉得再这样下去,她都快得抑郁症了,你应该把你的'生存之道'教给她。"王爷叫空姐倒了一杯白水,然后说:"你信不信，我去告诉她，她一定会以为我是想和她竞争什么职位。就好像你在森林里，到处都是猛兽，突然有只熊过来和你说'跟我走，我知道回家的路'一样，你根本不可能相信。"

"真可怜。"我不禁感慨道。

"周，我不妨这么和你说，能够进到这家公司来的人都不笨，换言之，都应该是聪明伶俐的姑娘。但是，并不是每个姑娘都能活得和我一样。好比，你要当英雄或者当流氓，为人父母还是永久单身，爱异性还是爱同性，工作还是创业，这些都是你自己的事情，没有人能够真正教给你什么，能够成为什么样的人完全取决于自己。我们不能帮别人决定他们要活成什么样子，因为你认可的生活，别人不一定认可。即使内心再渴望变得优秀，也并不是每个人都会跨出那一步，生活也好，工作也好，本来就是消磨人的事儿，你要在被消磨之时反身抗衡，是需要勇气的，你说呢？"

"或许她应该有个男朋友，我想可能会好很多。"

"其实和男朋友一点儿关系都没有，你不要以为你身边多一个人，你就会开心多少倍，虽然你渴望对方在你最困难的时候和你相濡以沫，可以安慰你照顾你，但那只不过是一纸空谈，没有人有义务来把你当作公主侍奉。男朋友更不可能，他反而会在你长期需求依赖的过程中感到厌恶，女人唯一可以做的，不是去做一个需要国王、母后、王子、骑士保护的公主，而是去练习成为一个可以直面进攻、毒害、折磨甚至惨淡的人生而不轻易放弃自己国土的女王。"

"每个女人都变成那样不是很恐怖吗？你想想，所有的女生都变得刀枪不入，那要男生来干吗？"

"而事实上,男生除了赚钱,真的也不能干吗啊,你真要举几个靠得住的男人的例子给我听听吗?"

"比如……"我最后把那个"我"字给咽下去了,一时间真的找不到理由去反驳王爷。

年底的时候,小姑娘请了很长的病假,据说男朋友劈腿跑路,自己差点儿跳楼自杀。等到小姑娘休假回来,整个办公室又进入了下一轮的新人狂欢,比她更厉害、更伶俐的新人层出不穷,小姑娘很快就成了"旧人"。

四月份在和别的公司的交流大会上,王爷组最后居然选了小姑娘做发言人,小姑娘倒有些受宠若惊,她以为自己早就被大伙儿遗忘了,但很多人依旧记得当初她站在台上挥斥方遒的样子。从那天开始小姑娘好像立马活了过来,开始潜心筹备这次交流会,因为一旦效果好,就可以拉到相当多的合作方。

小姑娘正讲着:"商品的品质决定用户使用后最终感受到的舒适度,否则即使你请了乔布斯来代言,东西也一样卖不出去。"

这时我和王爷站在台下,我说:"她又活过来了。"王爷说:"人不能埋汰自己。"站在旁边端着茶杯的男人突然开口说:"台上这女的穿得真土。"王爷突然走过去,对着那个男人说:"以你这副尊容也没资格去批评别人,说到底,就是个下流胚!"那个男人被王爷吓到了,一时间如鲠在喉。我说:"你也真是够意思啊。"王爷拿起包说:"我有点儿闷,想出去透透气。"我放下手中的东西,也跟了出去。

"是我推荐她的,和领导唇枪舌剑了一个小时,最后想想,我得拉她一把。"王爷趴在会场外的栏杆上说。

"很难得啊。"

"几年前,我比她还要差劲。那时候,我简直是土到掉渣了,大学班上的男生全笑话我,当年我留着短发,喜欢穿裤子赛过裙子,不注意饮食,随意地生活,大夏天也穿着宽大的衣服去教室上课。我总觉得成绩好就行了,反正每年都拿奖学金,才不在乎别人的看法。可是突然某一天,我的书掉了,我弯腰去捡书,起来的时候,发现头发已经长了,正巧对面有一面镜子,当时我就站在那里,看着镜子里的自己。你知道吗?女生就是在一瞬间体会到爱美的。当时我想,为什么我不可以让他们大吃一惊,刮目相看呢?于是我花了一段时间去研究,真的是一段时间,我突然感觉自己整个人的状态都不一样了,经过一个暑假,当我穿上短裙和高跟鞋,出现在班级里的时候,我在心里笑了。一开始连我自己也觉得别扭,到最后却越来越习惯这副更好的皮囊了,从来没有笨女人,只有不爱自己的女人。"

交流会之后,小姑娘的发言得到了极大的好评,公司的业绩也因此翻了一倍。然而当领导决定要提升小姑娘职位的时候,小姑娘却提出了辞职。那天她从领导的办公室出来时,神采奕奕地看着大家,然后回到自己的工位上收拾东西。

王爷歪过头去,说:"真的决定走了?"

小姑娘点点头,说:"我考虑清楚了,其实,鞋合不合脚,自己早就知道,非要磨出水疱流血流脓才肯放弃,是自己犯傻。"

"Good job!(做得好!)"王爷和小姑娘击掌共庆,"那接下来你打算去哪里?"

"我还没想好,不过……谢谢你。"

王爷有些疑惑："谢我？"

"提名的事，领导刚刚都和我说了，虽然我之前一直觉得你有点儿心高气傲，但是确实从你身上学到了不少东西。"

"那个多嘴的男人，哼！"王爷仰着头说。小姑娘突然笑了起来。

"还有，生了大病之后，我突然想到你说的话，于是去理发店把刘海儿剪短了，那天之后，整个人也变得神清气爽了。"

王爷帮小姑娘收好了东西，说："那么，再见了。"

"嗯，常联系。"

小姑娘走了两步，王爷突然叫住她，说："那个，今天的这双高跟鞋，很漂亮。"

"谢谢！"

四月的时候，王爷说她要消失一段时间，去过一段完全属于自己的生活。我说："工作怎么办？"她说："先请假吧，如果公司实在要把我开除了，我也没办法。"我说："你会不会有点儿太理想主义了？"王爷说："明年我就二十七了，我给自己限定的自由年龄就是二十七岁，人疯不了一辈子，但至少可以疯一阵子，像我这么聪明的人，也不愁找不到工作，是吧？"

之后的第三天，她微信发给了我一张她在土耳其伊斯坦布尔坐热气球的照片，写了一句话：活给自己看！

你我虽不及奢侈品高贵，但如非卖品般独一无二

有一年夏天，其实时间并不远，但说起来竟有些沧桑，那时候我和王爷都是刚刚入职的新人，新到我们彼此根本不熟。我们被安排在同一家酒店，第二天要参加新员工入职培训。当时我在电脑里看到新员工名单，一度以为那个叫王×的是个男人（王爷真名真的太像男人了）。之所以那么关注同性别的员工，是因为我在酒店看见了清一色的女性。我想这份工作可不能让我幸福成贾宝玉，好歹要有个盟友可以说说话，于是锁定了王×这个人。

而真正到了入职培训的那天，我才发现我唯一的希望也破灭了。当时我点了点王爷的肩膀，问她认不认识王×这个人。王爷眯着眼睛看着我，上下打量了半天说："我就是，有何贵干？"我第一次遇见气场如此强大的女人，一时间有些语塞。王爷又狐疑地问了一遍："你确定是找我？"

原本以为我和王爷的交集到此为止，没有想到入职培训的时候公司又凑巧把我们安排在了一起。当时王爷转着笔坐在我旁边，仿佛旁观者一样看着我们一批进来的新人，不知道为什么，我总觉得她一转头就会把我吃掉。当然，这是我自己的臆想，实际上王爷

从头到尾都没有看过我。我听得昏昏欲睡差点儿打起鼾来。休息十分钟后王爷递给了我一杯咖啡，她说："喝吧。"我不好意思地接过来，正准备道谢，结果王爷冷冷地说："我真的不是帮你，只是你要是再点头，把培训员引过来，我估计就没办法看完这本小说了。"我望向她："看小说？"王爷嗯了一声，说："对啊，这么无聊的内容我早就知道了啊。"这时我才注意到她在《员工手册》下面夹了一本《温柔的叹息》。

几乎所有人都没有想到事后会有测试，人事居然跟大家上高中时候一样把资料都收上去，把每个人都拉开，给每个人一张试卷。虽然人事小姐非常客气地说考试结果不会对大家有任何影响，但大家都知道有些事情只是嘴上说说，要真没影响，为什么还要考试呢？

我没有想到的是，那个看小说的家伙居然第一个交卷。就是那个时候，我突然佩服起她来，后来我问她怎么做到的，王爷说："先发制人，后发而受制于人，培训前先看喽，反正也无聊，凡事比别人领先一步，总归没有错。"

结果公布测试结果的时候，王爷以最高分收获了公司奖励新人的一张克里斯汀代金券。

入职后一个月，公司把所有新员工都调到终端销售去"体验生活"，让我们这群坐办公室的家伙也深刻地体会一下公司产品到底是怎么销售出去的。和办公室的生活比起来，店铺确实要苦很多，而我和王爷是怎么混熟的呢？后来想想就是那个时候。

王爷和我被分到了同一个小组（我也不知道为什么会这么巧），说起来我们那个时候的工作并不复杂，早上被安排做店铺的卫生清洁，做好准备工作就到后方去做出货准备。因为我们原本不是店铺的员工，说是去"体验终端"，其实不过是一边被原本的员工嫌弃一边帮着他们打杂而已。因为根本不懂，所以我们通通被安排去仓库里装防盗针。

当时我和王爷蹲在灯光昏暗的仓库里，漫无目的地装防盗针，一箱一箱地把商品拆开，倒出来，拆袋子，把一个一个防盗针扣上去，再装回袋子，放回箱子，拉上封条。就是这样子的工作，耗费了我和王爷一个又一个下午。等到第三天，王爷终于忍不住站起身来说："别弄了。"我抬头看她："怎么了？"王爷摸着下巴说："我想去学收银，实在不行，干点儿别的也好，这种工作，为什么不去找小学生来做？"我也站起身来："店长是不会答应的。"

就在我们到店铺的第一天早上，店长就告诉我们：作为支援的同事，希望你们能够从最基本的学起，一步一个脚印，万丈高楼平地起……说来说去，潜台词就是，你们来打杂就可以了，我可没有时间教你们什么东西。

王爷仰着脑袋望着天花板，半响，像是想到什么，说："我有办法了。"王爷大摇大摆地走出去，两三分钟后，抱了一个大箱子回来，箱子里面装满了防盗针。她走到仓库里边，拖出几个箱子来，然后准备开箱。

"干吗？"

"装防盗针啊！"王爷说。

"怎么？"

"我们花一个小时把这个仓库的商品全部搞定。"

"什么？"

"要是手上的工作全部做完，店长总归会安排一些别的事情给我们了吧？接待客人也好，商品布局也好，哪怕不能碰到收银的机器，也总比待在这里强吧。"

"要是……"

王爷抢过话去："要是他没有事情安排给我们做，那我们就翘班去看电影。"

"什么？"

结果比预想的还要快，我们一小时不到居然就把仓库里所有的防盗针搞定了。王爷踩着高跟鞋走出去，和区域负责人说我们工作做完了。那个愣头青得意地冲进来，准备进屋再给我们拉两箱，结果王爷说"所有的，都装完了"的时候，我看到他脸都绿了。

那天下午我们果真去学了别的东西，王爷被安排到了陈列区，我去了试衣间接待客人，同一批去的新同事里面，似乎只有我们两个从后方跑到了前方。下班的时候，我还和几个人说起这件事，大家都笑了起来，一个同事说："你们傻啊，我宁愿坐在仓库里慢悠悠地装防盗针，谁要去卖场抛头露面呀。"王爷突然停下脚步，看着大家："如果大家都觉得被人踩在脚下要不作声的话，我觉得也无所谓，反正我们这批大学生在其他人眼中活得就和蝼蚁一样。"说完这句话，所有人都哑口无声了，王爷提着包转过街角，下了地铁站。

更过分的是第二天一大早的晨会。就像大部分公司那样，为了振奋员工的精神，大家要先一起喊喊口号之类的。说实话，虽然我们公司店铺的口号有些拗口，但是也并不是那么难记，来来回回三四句话，我们早就背得滚瓜烂熟了。这时候和我们年龄差不多的副店长（早我们一批毕业的大学生）冲着我们几个"支援"的同事问:"有没有谁可以起来带着大家唱和?"这时他的目光落在了我身上:"你要不要上来试试……"我指了指自己:"我?"他点点头,我哦了一声准备向前走,不料店长说:"他们怎么会呢?你这不是为难他们吗?"我从他眼中分明看到了不屑和恶意,不料王爷突然上前一步,说:"一点儿也不为难我们,要是您不给我们机会,反而有些为难我们呢。"

几乎没有人这样直面顶撞过店长,不过,我当时却看出了店长似乎也拿王爷没有办法,毕竟不是自己的员工,说到底也不过是总部派来"支援"的小家伙。店长的脸从惊愕到平静,虽然整个过程非常短暂,但是所有人都看在眼里。

"好啊,那从明天起就由总部支援的同事来带着大家唱和吧。"

我们以为扳回了一局,吃饭的时候,王爷才说:"傻,你以为我们赢了,其实是输了。"众人不解,王爷又道:"在这种情形下无论如何处于劣势的都是我们啊,根本就没有任何可以扳回的余地。"

"那你早上干吗?"

王爷义正词严地说:"虽然如此,但就算是壮士断腕,也要视死如归啊!"

王爷说得倒是一点儿错都没有,像她这样以身犯险的人自然要首当其冲地被"惩治",所以第二天王爷就被店长调去了试衣间收衣服。客人成堆成堆换下来的衣服通通被丢到王爷手上,然后公司让她把衣服收起来叠好放回货架上,其他人继续在仓库里面装防盗针。当时我听到旁边的人说:"这不是自讨苦吃吗?"随即又有另外的人附和。

午休的时候，我去711便利店买了两瓶梅子绿茶，回头的时候递给了王爷一瓶。王爷看着我问："干吗？"我说："辛苦了，当作你上次请我喝咖啡的回报吧。"王爷说："请你喝咖啡？什么时候？"我没有继续说下去，王爷也没有要那瓶饮料，她整理了一下着装，回头说了一句："饮料我不要了，还是谢谢你，你要是因为觉得我可怜而来安慰我，我劝你还是不必了，我之所以出头，不过是不想跟打折区的商品一样被人嫌弃罢了。"

那一天，我们装完防盗针就下班了（其他人真是太懒了，一边装防盗针一边盘算着"支援"还剩几天），而我们走的时候，王爷还在货架附近叠衣服。

"你不走啊？"

"几点了？"王爷回头问。

"差一刻七点。"

"等我十分钟，我去打个卡。"

事后我们去了楼上的俏江南吃湘菜，那天正好有靠窗的位置，可以看到黄浦江江景。我问王爷："你不累吗？说实话，在仓库装防盗针虽然无聊，时间过得慢点儿，但是不至于被人呼来唤去当晾衣杆啊。"

"所以你就和其他人坐在那里慢悠悠地混日子吗？"

"啊，不然呢？"

"不知道啊，我只是觉得，那样的话，我还不如请假在家休息。"

"但是你去试衣间的工作也没有比在仓库好多少啊。"

"是吗？我可不这么认为。"

隔日的晨会上，店长突然发神经地问起店铺的营业额来，两个小姑娘被问得答不上来，脸都憋红了，差点儿哭出来，店长大发雷霆说："你们这样的状态，怎么能够卖好商品呢？连最基本的店铺情况都不了解。"说实话，我觉得我们几个就像旁观者一样在看戏，不要说营业额，我们连店铺有什么商品都不知道。这时候店长又说："不过，最近因为要照顾一些新同事，可能大家没有之前那么全身心投入，但是务必要振作起来啊！"这时我注意到王爷的脸，竟然云淡风轻没有任何愠怒。

散会之后，她突然和我说："昨天店铺是百分之七十三的达成率，女装的牛仔裤卖得最好，男装的T恤排第二，因为刚刚上了新款的羽绒服，也有一些顾客选择，虽然数量不多，但是单价偏高，所以销售总额也不算差。"

我吃惊地看着她，"你怎么知道的？"

王爷慢条斯理地说："看啊，虽然我只是站在试衣间，但是顾客拿了哪些衣服进去，扔了哪些衣服出来，剩下的就是顾客买走的，营业额就很清楚了。至于百分比达成，早上进去打卡的时候我顺道看了一下数据，系统明明就在桌面上啊，稍稍留意一下就知道了。"这时我注意到店长就站在旁边，他的表情和我竟然差不多，我想王爷就是故意说给他听的。

不料，下午的时候，内衣区的导购突然身体不适请假了。这个时候，店长心急火燎地想要找人来替班，结果预想的人因为休息根本不接电话。加上那天是周末，人流量大到一刻都不能缺人，王爷就这样继续像晾衣杆一样在试衣间继续优哉游哉地接衣服。

店长风风火火地跑到王爷面前说："你，过来！"

王爷望了店长一眼，说："我还在接衣服呢。"

店长深吸了一口气，说："内衣区现在人手不够，你去吧。"

王爷指了指自己："我？"

店长点点头："对，你，我实在找不到人了！"

当王爷站在内衣区给一群大妈介绍商品的时候，仓库里其他小姑娘惊呆了："她干吗要那样啊！"但是很快王爷负责的区域人越来越多，她戴着扩音器毫无顾忌地站在那里叫卖，其他人也按捺不住了："她这是干吗呀，是想要留在店铺当售货员了吗？下周结束，我们就要回公司了。"

晚上王爷叫我去商场顶楼看电影："喂，你不累吗？"

"累啊！所以才要看电影啊，爱去不去，我可不等你。"

而最后居然是我在电影院睡着了，打着呼噜一直到散场。回家的路上，我问王爷："你哪里来的这么好的精力啊？"王爷说："像你这样弱不禁风，我还能叫自己王爷吗？"

从那天开始，店长把王爷与我们一群人完全区分开了，开始叫她的名字（到"支援"结束，店长都不知道其他人的名字），然后让她负责的事情越来越多，而我们继续在仓库里没日没夜地装防盗针。

我去休息室喝水碰到她，当时房里只有我们两个人，我看她在抄什么东西，她瞧我进来，说："刚刚店长问我要不要干脆留下来。"我哈哈大笑起来："哈，那你怎么说？"王爷的视线始终没有离开她抄写东西的本子，低着头说："我说我听公司安排啊，这种事情当然不能随意表达自己的内心想法了。"

"那你内心想法是？"

"做自己。"

"啊？"

"不管在哪里工作，先做好自己。我知道仓库里面那些小妮子怎么讨论我的，无所谓，我问你啊，sku（库存量单位）有空缺数据，这能反映什么？"

"什么？"

"当然说明最近销售好呀！"

我都不明白她最后为什么自顾自地在那里发笑。

周五结束工作之后，我们就要告别店铺生活了，大家商量着晚上去哪里庆祝一下，王爷说她还有事就不参加了。几分钟后她发信息给我，问我要不要一起吃东西，我说："你不是有事吗？"她说："是有事，就是不和他们一起吃饭这件事。"

我是在一家川菜馆找到她的，桌上已经堆满了菜，我说："你这是干吗？有钱没地方花啊？"王爷咽了一口菜说："我不知道原来这次'支援'有个什么最佳配合奖之类的，刚刚人事打电话给我，说店长把那个名额给我了，有三千块奖金。我外婆以前说，这种意外之财要买吃的花掉，所以，我干脆请你吃饭好了。"

"什么？奖金？我怎么没听说？"

"我也不知道啊，不过我想，如果一开始就说，这种钱就不知道发给谁了吧。"

我没忍住又问了一句："你不会真的要留在店铺了吧？"

"不知道啊，现在还没接到通知，应该不会吧。"

"我说，你那几天那么拼命不是真的为了要那个奖金吧？"

"我之前根本不知道有奖金这回事。但是，不管有没有，我那时候都会那么做的。你、我都一样，刚刚出来的大学生就是任人宰割的羔羊，但是我们都是受过高等教育的人，我觉得我们应该懂得什么是有效生活，什么是无效生活。对于我而言，生活无非是创造价值，不然你干吗上班呢，赚钱吗？这个理由支撑不了你多久，到哪儿不能赚钱？你很快就会厌恶的，但是当你找到了你在工作中存在的价值时，就完全不一样了。我并不是真的要出头反抗，我只是觉得既然工作，那就要对得起自己这份身价，仅此而已。"

回总部之后，王爷立马被领导叫去谈话了，那场语重心长的对谈持续了大概两个小时，最后王爷出来的时候，并没有我想象中那么满面春光，她只是泰然自若地坐回了自己的座位。

我给她发了一封内网邮件：怎么说啊？

她很快回了过来：问了一大堆公司销售的问题，快累死了。好在我在店铺记了好多东西。

我接着问道：然后呢？

过了半晌，她才回：说是这一季升职名单内定，不过，只是暂定而已，没个准儿。

我立马回道：哇！你也太憋得住了吧。

她回道：这种事，自己知道就好，我只是为了自己，又不是为了别人。

王爷那晚和我告别的时候说："我们还没有资格去做橱窗里聚光灯下的奢侈品，但是我们也不要让自己沦为过季被抛弃的打折货，你我都一样，我们要学会成为非卖品，因为那才是独一无二的。"

那个下午，明媚的阳光从落地窗外照进来，刚好落在王爷的办公桌上。王爷举着咖啡，抬头朝我微微一笑，那一刻，我也象征性地举起手里的咖啡，好像在为她庆祝一般。

我们对生活才是真正的无微不至

能够自诩王爷的姑娘,大概只有她了。

王爷在成为人人赞颂的生活家之前,吃了大概一卡车的苦,这些事她当然不会随便告诉你。你如果现在能在高档写字楼遇见她,一定想不到如今身着短裙,模样光鲜,脚蹬高跟鞋端着咖啡穿梭在众人目光中的她,也有过土得掉渣的十八九岁。王爷说:"我不得不感谢那段让我抬不起头来的回忆,因为它让我现在根本低不下头来。"

十八岁的王爷是在一个欧巴桑的魔爪下活过来的,那时候素面朝天的她根本不会去看时尚杂志中那些时尚女星的打扮,也不会去挑选当季流行的品牌,还没有乐活的意识,也不知道自己到底会成为什么样的人。当时的王爷只能用一个字来形容,那就是——穷。

那是我和王爷喝下午茶时聊到的话题,王爷慢条斯理地抿了一口咖啡,说:"你以为谁一来就能活得光芒万丈,头顶王冠吗?那还不是靠磨破脚跟、跪烂膝盖换来的?"

刚刚进入大学的王爷,因为得不到家里补贴的生活费(长期被放养的姑娘才没有那么多亲戚朋友爱),不得不卖手机卡,做家教，努力拿奖学金（我相信这些事情大部分人都做过）。但很快，王爷意识到，这并不是什么高明的招，大多数人走的路，自己也走，那就是犯傻，王爷是聪明人，聪明人就是不走寻常路的人。

大一下学期一开始，王爷开始疯狂蹭课，原本学国际贸易专业的她，居然见缝插针地把英语、日语、德语课全蹭完了，她花了一年时间尝试和能够利用的外教资源疯狂对话，大二第一学期结束的时候，王爷基本已经是能够与四国人日常交流的牛人了。

那时候，王爷看待一切事物的角度都是不一样的。她的目光只放在金钱上，她确实穷疯了，穿着打扮还保留着乡土气息，走到教室就被一群男生嘲笑。当然，在王爷眼中所有嘲笑她的人都是肤浅的傻瓜，她一举拿下最高奖学金，当她站在讲台上发言的时候，所有的人都鸦雀无声。

那时候的王爷还是短发兰花头，从来不穿裙子，穿着肥大的衣服和牛仔裤，背着一个黑色的大书包。

"等等，你以前的照片还有吗？"我一边吃着可颂一边对她说。

"谁会把那种黑历史留下来啊，你以为我是你吗？"

前一天晚上，王爷在人人网上翻到我当年非主流的照片，为此她一到办公室就开始笑我。

"你真的把英、日、德三门语言学会啦？"

"你知道当时我熬了多少夜吗？不是我说，当年我高考都没这么用功，一个人没钱的时候，就真的什么都无所谓了。"

王爷通过外语系的朋友找到了一个中介，当然，王爷的要求很简单，她说："虽然我是在校生，但是我可以绝对保证工作时间，关键一点，钱必须高。"

最后中介给她找了一家美甲店，而美甲店的老板娘就是那个快满四十岁的日本欧巴桑。

"从我第一天去面试，她就各种嫌弃我的穿着，从上到下说了不止五遍，当时我戴的眼镜比现在还大，那死女人就问我是不是高度近视，能不能看见她的脸。我当时就说，我是近视，不是瞎子。她说，不穿高跟鞋的女人都不是女人，不懂得打扮的女人都是失败的女人，当时要不是为了那一个月四千八的工资，我才不会站在那里让她评头论足。"王爷深深地吐了一口气，"你知道，我当时是做什么的吗？"

"做什么的？"

"做翻译。"

"哦。"

"我当时特别搞不懂那个日本老女人，我想，我是去给她做翻译，又不是去卖身，她还真把自己当老鸨了，说我要是第二天不按她的要求穿着打扮，干脆就别来了。"

"呃……"

"我忍了，去之前，中介就跟我说，这个美甲店老板娘给的钱高。不过，在我之前，她已经换过好几个翻译了。"

王爷为了这份工作专门跑去商场，花了存款的一半多给自己购置了一套装备。说实话，当时王爷并不能很好地驾驭高跟鞋，她在家穿了一天，磨到脚破，才勉强能够正常走路，当时袜子里都是创可贴。

"我记得我第一天去的时候，她就给我下马威，虽然当时我并不是那么了解日本人，但是她那些话确实把我吓到了。"王爷微微一笑说："当时欧巴桑就这么说，'我请你来，其实翻不翻译不重要，关键是你要把客人真正的意愿告诉我。我请你来，给你那么高的工资，就是为了发泄，你懂吗？'说实话，当她那么直白地告诉我这个理由的时候，我真的打算脱掉高跟鞋走人了，可是，我当时已经有一周没有吃过饱饭了，还是听她继续说下去了，她又说，'我这里是要办卡的，虽然你是翻译，但是我给你那么多钱，你也别以为光和我说说话就行，你看见客人就去给我办卡，办得多了，我给你提成。'"

过去这么久，王爷依旧记得当时她第一次穿着超短裙、踩着高跟鞋，站在美甲店门口等候客人的狼狈情景。她真的觉得，这不是在做翻译，这是用生命在"演戏"。她一边微笑着和客人交谈，一边饥肠辘辘地咒骂那个日本老女人，最后忍了两天，竟也习惯了。虽然王爷稍稍放松微笑就会被欧巴桑狠狠骂，但是王爷也发现自己好像不是听得懂每句话。

"我当时想，是不是我日语不过关。过了很久我才知道，她说的是关西腔，学正统东京腔的人当然不知道关西腔怎么发音，就像北京人听不懂湖南话一样。后来想想也好，至少日子没有想象中那么难过。"

我和王爷一同进公司的那一年，下班之后，办公室里往往留下的也是我们俩。甚至好多次，我都看见她的领导把那些无关紧要的文件全部丢给她分类，到后来，需要花两三个小时弄好的东西，王爷往往在半个小时之内就做完了。领导一度怀疑王爷在偷懒乱分类，但仔细检查居然也找不到什么错误。

当时我就非常纳闷王爷是怎么忍住不发火的。新进公司的人很快就走掉了一大半，最后也就剩下零星的几个人。有一次，和我一起进来的同伴被发邮件全公司批评，原因就是她把一个数据写错了位置，那天之后，那个小姑娘就失踪了。半个月后，她用快递寄回了公司配的手机和电脑，还有一封辞职信。在高压的工作状态下，能够谈笑风生的似乎只有王爷，大概进公司一年后，王爷就能够端着咖啡漫步在其他人埋头苦干的工位之间，对着咖啡细细品味，领导也没有办法给她安排更多的任务，她竟然也有空玩起手机来。

"我一直认为我们是受过高等教育的人，那就代表着，我们不是普通的机械式工人，那堆材料的编码是有规律的，我做过十来张就发现了，但大部分人才不会去关注这些东西。"

"看来当时那个欧巴桑还是对你影响很大的。"

"周，你知道吗？其实那个时候我学到的东西，真的不单单是穿衣打扮而已。"

在王爷兼职翻译的那一年里，她的日语口语飞速提高，而且面对各式各样的人也能够得心应手。她一面和欧巴桑正面交锋，一面拿着那笔高收入的兼职费继续去学东西，不上班的时候，她就干脆背着相机（当时花了一个月工资买的微单）旅游，不想走太远，就绕着学校附近的公园跑步。王爷会和那些坐在亭子里提着鸟笼的爷爷奶奶聊天，后来，她竟也通过这些爷爷奶奶得到了更多的工作机会。

"欧巴桑最恶毒的事，就是拿我的手做实验，我这辈子也忘不了。"

"你的手？"

"当时她看我太闲，就说，店里来了些新人，涂指甲油涂不好，我必须让她们轮流试手。你知道那时候我一边带着微笑一边有多酸楚吗？呵，说出来都没人相信，我的手光是泡在香蕉水里的时间都比那些女孩擦润肤露要多。"

"你也真的能够撑下去。"

"我觉得，人没什么事情做不到，只要你愿意。我在那里待了一年，大三的时候，就去了一家公关公司实习。说实话，能得到那次机会，我真的还是很感谢欧巴桑的，要不是因为她逼迫我去找别人办卡，我也不会认识那家公司的人事总监。"

"可是你最后没有留在那里。"

"哈，对啊，因为当时我发现我还有很多不足，必须赶紧充电，所以待了三个月，我就逃了。"

我和王爷曾经在一次酒会上讨论过"生活"这个话题，那时候我们都不算过得太好。我把我大学四年写书赚的钱挥霍在了旅行上，王爷把她兼职赚的钱挥霍在了学习和充电上，我丰富了阅历，她丰富了知识，但是我们都再次变成了穷人。

王爷说："其实我觉得，我们对生活才是最无微不至的，你不觉得吗？我们不顾一切都是为了照顾好它，为了让它看起来更精彩。我们的疲惫，我们的不堪，我们付出的一次又一次代价，都表明我们爱生活，我们只能对我们爱的东西无微不至，而生活就是我们最爱的。"

当时我因为王爷这句话差点儿哭了，但王爷转头就举着杯笑靥如花地找领导敬酒去了，王爷转头的瞬间，没有一丝停留，更没有任何遗憾和惆怅，她依旧是春风得意，趾高气扬。

记得有一天夜里，我和王爷从话剧院出来，那天下着很大的雨,大到雨水几乎淹没了华山路一条街。几乎所有人都站在大厅门口等着雨下小一点儿,唯独王爷果断地脱掉了高跟鞋,一手提包,一手打伞,踏进水洼之中,招了一辆出租车,扬长而去。

当所有人都惊讶的时候,我收到王爷的短信,她说:"我约了一个英国帅哥在Skype(全球免费的语音沟通软件)上跟我练口语,时间快到了,抱歉,先回家了。"

而我的身边,除了呼啸的狂风和纷纷落下的大雨,就只有手机里王爷发的那个笑脸了。

想戴上最美的面具，又想卸下所有的伪装

在我所有的女同事中，常常让我醍醐灌顶的只有王爷一个，有时候我真想把她大脑剖开，看看里面到底装的是什么。其实和大部分人一样，我也非常好奇王爷是如何成为一名称职的"生活家"的，可是王爷从来不会事无巨细地告诉我。有时候跟在她后面，我巴不得随时拿出一个小本子记下她的经典语录，得以随时背诵。而王爷总是笑靥如花地轻拍我的肩膀说："不是每一个人都可以叫王爷的。"这句话彻底粉碎了许许多多"王爷模仿者"虔诚的心。

王爷说："我并不是你们所谓的生活家，恰恰相反，我是那个最爱揭穿人生的破坏者，我说的话从来不好听，不会让你觉得生活有多美，如果人人都跟我一样活得太明白，这个世界反而不精彩了。"

每年的九月我们都会集体去日本出差，对于大多数人而言，这是难得一次的远行机会，但对于王爷而言，却是彻头彻尾的灾难。在王爷眼中，那场"全球经营者会议"根本是场劳民伤财的败家之举。全球各个地方的分部都要会聚横滨会场开三天两夜的大会，大会大致上围绕"回顾"和"展望"两个主题，说来并没有趣，甚至

无聊至极，耳朵边传来的同声翻译有气无力，昏昏欲睡，回头一看一个会场往往是大片低着头酣睡者。

"这种会议，只要在上海找个大会堂接上网络，同步视频听听就好了嘛。"这是王爷私下和我说的话，虽然王爷并不乐意，但大部分人还是乐意的。

"你也不能说不好啊。"

"好什么？和别人炫耀公事去日本好，还是大包小包代购好？"王爷非常不客气地指责我："周，扪心自问，好还是不好，你自己明白。"

我所说的话是指大多数人，没错，像这样的会议，是许多人难得一次的出国机会。光是能够踏足千里之外的岛国，拍几张照传到朋友圈，定位坐标放一放，就可以趾高气扬地和别人说自己出国了。光鲜的工作没什么不好，即使是自己，也会忍不住在成田国际机场免税店里拍几张日本特产的照片发到朋友圈里，扬扬得意地看着两秒一个的点赞数开心不已。

"我从来不发朋友圈。"

"真的假的？"我回头拿出手机仔细搜索，才发现原来王爷用了三四年微信，朋友圈一直为空，"你不是屏蔽我了吧？"王爷很大方地扔出手机说："那你看看我的手机好了。"她的手机里除了工作上需要的大图小图以及生活中需要的一些学习资料，基本上没有任何闲图可看，朋友圈空空如也是真的。"你是不是要回到白垩纪啊？"王爷摆摆手，拿回手机，说："真正过得好的人才不会依靠社交软件来炫耀呢，每天都忙得不可开交的家伙，能有多少时间放在朋友圈上？"

王爷不玩朋友圈,并不代表她不拍照。

曾有一次,我和她讨论过二十五年来游玩过的地方,她直言不讳地告诉我,去过6国30省56个城市。这绝对不是简单的数字,王爷的照片多到需要3个移动硬盘才存得下,但是,就是这样的王爷,我们从来不知道她去过哪里,看过什么风景,见过什么人。特别是她说,其中三分之一的地方是上班之后才去的,我忍不住抓着她胳膊问:"你什么时候去的?怎么我一点儿都不知道?"王爷浅浅一笑,说:"我可不是那种会昭告天下我要去旅游的人,何况,去香港、厦门这样的地方,三天两夜,根本没人会注意到好吗?我去过哪里遇见过什么人,是我自己的事,我犯不着通告世界。"

"所谓朋友圈,不就是发代购,发美食,发旅游照,发自拍,转发心灵鸡汤的地方吗?除了这些,真正有意义的还有什么?更多的不就是为了戴上美丽的面具,特意炫耀吗?"她又接着说。

然而,王爷说的又却是实话。比起那光鲜的外表,背后的辛苦才是无法言说的。

要真说出差光鲜其实只是浮于表面,公司才不会花钱让你去玩。那些偶像剧里面主角飞香港飞台湾飞美国飞加拿大,飞来飞去,吃喝玩乐,都是骗子演给傻子看的。真正远行出差的人最明白:玩?没你的份儿!累,那是必须给你一份儿的。拖着大行李箱跑东跑西不说,公司给的补助和报销都有金额上限。打车?没你的份儿。搭地铁,你还得摸清线路,多不退少不补。会议时间比平时上班还早,不是打卡,就是领会议资料,签到,集合,进场,周而复始。在你恹恹欲睡、会议即将结束的时候,才发现已经过了吃饭的点。要去购物?那就饿着肚子赶紧冲吧。日本这个国家,为了节约资源，晚上八点左右，商场几乎家家打烊，等你买好东西从涩谷、新宿、有乐町回住处时，还得找对地铁，出租车是肯定打不起的，不然就露宿街头吧。

"但是，大多数人依旧非常兴奋地告诉自己的朋友，自己此刻正站在雍容华贵的银座下，欣赏着城市璀璨的星光，不是吗？"王爷笑着调侃道："随后，他们立马就会收到数不胜数的留言，'帮我带电脑、单反、电饭煲好吗？'那时候，脸上的笑容都会僵持吧。给别人带就要牺牲掉自己买东西的时间，不带又要找些不靠谱的借口，最后不管带或不带，都会处于进退维谷的境地，累吗？"

"为了拍一张落英缤纷的樱花照，人们往往不到六点（北京时间不到五点）就要起床，搭地铁去附近的上野或者原宿，还没拍到几张照片，又要心急火燎地赶回会场，要是赶不上早会签到就死定了。中午吃饭也不能离会场太远，不管一兰、一风堂还是简简单单的日料亲子饭，门店小到排队都要排死人，好不容易轮到，两三口吃完就得走。更多人索性在711便利店买个三明治或者便当，蹲在会场边上，边看海边拍照边说日本空气好。累吗？"

王爷一口气说完了肚子里想说的话，然后拎着行李，优雅地登记换卡进了自己房间。如果有人在这个时候问王爷要不要去中华街，王爷多半都是笑着说："去中华街做被坑的外国游客吗？"一下子让对方无从接话。

王爷大概睡到七八点，打电话问我要不要去东京塔。我收拾好东西在楼下等她，搭地铁到芝公园。比起那些商业街道，夜里的东京塔附近倒是安静得多，我们路过的地方有个神社，王爷问我要不要进去看看。我说，还是不要去了吧，神社的话，总感觉有些神秘。于是我们就一路慢慢走，一抬头就能看见的东京塔，却好像走了很久才走到。

路上有一台可爱的自动贩卖机在那里亮着，好像漆黑的道路上专门指引游客的灯光。王爷说有些渴，我们就过去买了瓶果味矿泉水。王爷蹲下身去拿饮料的时候问我："周，还喜欢现在的工作吗？"

"咦，工作吗？它好像越来越沦为赚钱养活自己的工具了。"

"但是，很光鲜，不是吗？"王爷一针见血地说，"一开始你觉得公司可以配手机配电脑，隔三岔五到处飞，公司内部不是说日语就是说英语，走南闯北，发个朋友圈，传个照片，就瞬间各种高大上了。但是，早上六点不到就要起床，晚上加班到半夜，一个电话就让你忙到四脚朝天，有时候还要憋屈地接受和自己价值观不符的条例。那些工作，其实并没有我们想象中那么高的技术含量，即使出差，也不过是走个过场，所到之处除了工作，根本没有自由。有没有觉得很多时候，看着朋友在恭维在羡慕，自己却在背后舔伤口抹泪，虽然我一直嗤之以鼻，但这种生活，我打包票，很多人还是很享受的。"

后来我们又走了几步，我说："那你呢？怎么看？"

"如果可以，务必找到内心深处想要的东西，如果找不到，就卸下包袱离开。虽然很多人都说，不要把爱好当作工作来做，否则有一天会厌倦自己的爱好，但是我觉得不然，如果一开始连工作的内容都不是自己喜欢的，那和娶或者嫁了一个根本不喜欢的人有什么区别？到最后，不是辞职，就是离婚，不是吗？就现在而言，我还能学到东西，要是有一天变成你说的那个样子，我是二话不说就走掉的。"

"其实并没有多少人真正了解自己喜欢的东西,所以更多的人在迷茫地等待、磨合、同化成适应环境的那一个。"我笑着回应她:"刚刚毕业的学生,能够有这样的机会,怎么听来都是难得的,即使你告诉他,真的没有什么意思啊,累得要死,又无聊,但是他还是会挤破头进来,或许真的累,但当身边的人都说,啊,你去过日本啊,去过香港啊,去过这儿啊去过那儿啊,他都会非常得意并满足心中那丑陋的虚荣感。所以,我觉得,真正累的,还是表面的光鲜与实际不符吧。"

这个时候我们已经快要抵达东京塔脚下了,微风吹动着周围的树木。王爷突然靠着一块石头坐下来:"我一个朋友,只要我一打开手机,几乎就能看见她发在朋友圈的照片,今天是买的包包衣服,明天是美甲美容,餐前饭后是美食照,周末假期是度假照,看电影要拍电影票,逛街要发自拍图。几乎每个人都觉得她应该是家财万贯,生活美满,但只有我知道,她住在上海郊区的出租房里,隔三岔五更换有钱男友,得不到真爱,但赢得了虚荣。说实话,朋友圈的设计可能就是为了满足这一类人的心理,可惜我不喜欢,如果真的要用社交软件,那也是领导要我业务汇报。我认为出入CBD(中央商务区),家住破旧房并不需要粉饰。我只求过得真实,因为我知道,美丽面具的下面,到底是有一张多沧桑的脸。"

我看了看手表,此时东京塔的灯已经熄灭了,我们又走了几步,王爷却拉住我,说:"别走那么快。"我们站在半山腰,王爷往远处看,"你看,日本多安静。在这样的夜里,我们难得有这样不忙碌的时光,好好看看远处的灯火和星光。为什么要匆匆忙忙让自己变成代购狂？"

我吐了一口气，说："你什么时候，可以……"

"可以随大流一点儿吗？哈，说实话，真的有点儿做不到。你就当我跟不上潮流，落伍了吧。"

"不知道为什么，我总觉得你是二十世纪的人。"我无奈地耸了耸肩。

几天后，大部分同事扛着大包小包提一箱拖一箱，热火朝天地讨论着又买到了什么便宜货，又帮××带了几台电脑几部手机，而王爷只是背着一个小包站在不远处的落地窗边。

我走过去和她打招呼："你真的什么都没买啊？"

王爷摇摇头，说："买了啊，只是最后花了点儿时间，事先列好了清单，进了商店买好就走了，已经打包托运了。"

"你还真是……神不知鬼不觉呢！"

"我只是不太喜欢那么高调地做人，何况，我实在不懂为什么一个小时可以搞定的事，要花三个晚上的时间去做。"

"我上中学的时候啊……"王爷突然说，"我们班上有一个女生能说出各式各样的潮流品牌，一眼就能认出明星身上的华贵服装，如数家珍，就好像她自己拥有一样。她说她的书包是从香港买回来的，班上的人都相信，我也相信。还有她的杂志，因为是繁体字，我们也都觉得很厉害，但是后来我才知道，淘宝原来可以买到任何东西，只要你想要。于是我想起初中那个时候还没有淘宝，但是只要你动动脑子，总归都可以拿到。而那个同学呢，她前段时间和我们说她要嫁给法国人了，那个法国人有一套别墅，还有一辆加长林肯。可是，半年后，我就在西安旅游的时候撞到了她，虽然她已经晒得很黑了,但是我一眼就认出了她,她正在一家拉面馆端菜,而那个大她十来岁的老男人,就是她说的那个'法国人'。"

"话说回来,你就没有活得虚假过吗?"我忍不住质问道。

"谁说没有?我总在相亲的饭桌上告诉别人我有抠脚的习惯,那个时候,我觉得我特别虚假。"

一时间,落地窗外好像下雨了,王爷背过身,望着天空。我看着她的背影,又回头看了一眼手机,王爷的微信果真依旧空空如也,这时我才注意到她头像旁边的签名。

——做一个高攀不起的简单姑娘。

万人宠不如一人懂

王爷常挂在嘴边的一句话是,"如果你不能直白地表达内心的想法,你就是在伤害自己"。

周一例会结束之后,她到领导办公室拒绝了上级给她安排的当周任务。她淡定自如地从办公室走出来时,我们都看见了领导那张臭烘烘的脸。

午间休息,我问王爷:"你说了什么?"王爷翻翻白眼讲:"能说什么?照实说。他安排我去管青岛的项目,我没意见,但是同时还要我兼管东莞的项目。我可不是神仙,一周要飞两个地方,周五还要回上海来报到。我告诉他,我可以管,但是只要出了问题,我立马辞职。我可以拍拍屁股走人,领导你可以吗?我一说完,他就把我名字从东莞组划掉了。"

我打心底给她鼓掌,能够跟领导这么横的,全公司当真屈指可数。

那是我和王爷进公司的第二年,而王爷却好像在公司待了十年那么久。整个办公室里,能够和领导一样悠闲的人好像只有她,她每天总是第一个打卡上班,坐在电脑前,噼里啪啦敲键盘回邮件,等到人都来得差不多的时候，王爷已经坐在十八楼用餐室边喝咖啡边看外滩风景了。我曾问过王爷早上怎么能来那么早，王爷疑惑地看着我说："你不能晚上早点儿睡吗？为什么每个人早上到公司状态那么差？因为没有一个人跟我一样晚上十点睡，早上五点起。不是我说其他人，慢吞吞地赶到办公室，手上事情还没理清楚，马上就要开晨会了。总是手忙脚乱地开始每一天的人，自然也是手忙脚乱地处理自己的人生。"

王爷早睡早起的习惯已经坚持多年，而且她总可以在楼下晨跑一圈后，再回家做个早餐。我顿时想到，大部分人不是在上班的路上奔跑，就是在上班的路上懊恼，遇到摔倒的老奶奶和小朋友绝对没有时间去扶的，这就是芸芸众生的状态。

每年四月和九月，公司组织都会大变更，这是规矩。为了让更多的人了解各项业务，很多人都会被调来调去，王爷下半年的时候申请去了市场组，因为之前对订货单实在对得想吐了。虽然对市场的东西一点儿也不熟，但是王爷说："我有信心，最后他们都得跟我学。"光是冲着这份见神杀神、见佛杀佛的气势，领导就不敢和她计较太多。和王爷一起调到市场组的还有一个小姑娘，叫兰新，与王爷不同的是，她是刚刚进公司半年不到的新人。

用王爷的话来说，兰新就是典型的小绵羊，每个人都把她捧在手心里，连最严厉的王总也总是对着兰新笑眯眯的。这个漂洋过海回到祖国的小姑娘，既有海外名校的光环，又有国色天香的样貌，自然受到大多数人的青睐。她乖巧，皮肤白皙，说话轻言细语，走路不慢不急，绝对符合邻家妹妹的形象。

"可是，她好像不怎么喜欢我。"王爷摊手说道。

和兰新比起来，王爷可就不那么受待见了，几乎每个人都拿出了打压王爷的姿态，好像非要挫挫她的锐气，但王爷似乎并没有觉得不适，那些堆在她桌上的学习资料，她能在第二个工作日的下午悉数归还。主管诧异王爷的阅读速度，以为她走马观花，王爷说："你不用疑惑，也不用抽我回答问题，这个，给你。"说罢，她从抽屉里取出一份类似读书笔记的东西，把这些资料的重点归纳总结得比什么都清楚："你觉得呢？"

王爷说："让一个人闭嘴的方法有很多，最直接的就是你拿出超出他预想更多的东西，这样，他绝对没有办法再接下去。"

和王爷比起来，兰新就慢了很多，她想着即使进度不快，似乎也没有多少人在催促自己，大部分人都说："慢点儿好，多看看，慢工出细活儿，不要像有些人，囫囵吞枣，到时候出了问题，就得自己吃药了。"这些话，王爷自然听在心里。但是，所有人都不可否认的是，一周之后，王爷已经开始接手一些市场调查的东西，而兰新还沉浸在蜜罐子里，整理一些可有可无的文件。

王爷让前台帮忙订周三的机票去珠海，兰新正巧路过，问："王姐姐要去出差吗？"王爷点点头，兰新微笑的脸突然变得有些僵，自己手上那成堆的文档，不知道什么时候才可以整理完。

下班的时候，王爷叫我等她一起吃饭，我收拾好东西，在电梯口看见兰新："哈，还没下班啊？"我出于礼貌打了招呼，兰新点点头，然后娇声说："周哥哥可以帮我拿一下吗？我还要去总务办公室抱一堆。"我接过手来，正巧王爷出来。

乘电梯下楼的时候，王爷说："是不是觉得她很可爱？"

"是蛮可爱的，哈哈。"

"嗯,所以她就完了。"

"什么意思?"我不明白王爷这突然的一句话。

"是不是特别想要保护她,出那种雄性原本带有的属性。"

"有那么一点儿吧,帮帮忙也没什么,你不会是吃醋了吧?"我斜眼看着王爷,王爷扑哧笑出声来:"拜托,我才不会和小姑娘争风吃醋呢,何况,我为什么要为了你吃醋?"

"呃,好吧。"

"我只是觉得,她再这样下去,过不了多久就会出大问题。"

王爷从珠海回来的那个周五,兰新和往常一样在座位上整理资料,主管不知道从哪里突然杀出来,递给兰新一份文件,说:"你赶紧联系一下这个客户,问他渠道开通的截止日期,我还有个会要开,待会儿告诉我结果。"说完就急匆匆地走了。这时兰新不知所措地望着那份文件,渠道,什么渠道?截止日期,什么是截止日期?都是什么东西?王爷放好东西,开始写出差报告,扭头的时候,听见兰新在和谁打电话交涉什么,到最后,她竟被问得无话可说,那急得发红的脸又顷刻变白,电话那头应该只有忙音了。她回到座位,丧气地说:"什么嘛,蛮不讲理!"当然,之后或许还有别的什么事,兰新应该是忘记了渠道开放的事情。主管开完会回来的时候,王爷已经打印好了出差报告。

"兰新呢?"

"好像去档案室了。"

"哦,看见她叫她来找我。"

"好。"

而兰新果真是忘记了,主管原本一肚子火,但看着兰新楚楚可怜的眼神，只是稍稍说了她几句。兰新出来的时候，像是受了百般委屈，一个下午打不起精神来。王爷从抽屉里拿出一盒小蛋糕，递给兰新："吃点儿甜的，心情会好些。"兰新的眼眶有些湿，但还是把蛋糕还给了王爷。

兰新开始厌倦整理档案了，突然想多学一些东西，但是每次当她接触到一些关键工作的时候，身边的其他人总是说："不急不急，你先把基础的东西弄好。"兰新说："我已经弄好了啊。"那其他人便说："那你就休息一下，这些交给我们就好了。"看着兰新泄气的表情，王爷走过去说："如果你不嫌累的话，就来帮我弄这个均价表吧，不懂问我，不过，你得自己先琢磨琢磨。"

王爷把这件事告诉我的时候，我说："也只有你敢这么做，完全无视周围虎视眈眈的眼神。"王爷说："我为什么要在意？他们又不发我工钱，何况，我自己吃过的亏为什么还要让身边的人吃？"

那是我们刚刚进公司不久发生的事，几乎所有的新人都遭受过老前辈的"照顾"。他们不会安排最难的活儿给你做，会告诉你得慢慢学，整理那些毫无价值的资料，然后帮他们填写一些小学生都能抄写的表。当时那种温和的接待方式确实让每一个新人都感觉很舒服，但是，过段时间，领导就会开始正式安排事务，当你什么都不会，又拿不出成绩来的时候，那么，你就和升职说再见吧。

唯一能够挑得起事情的是王爷。

在整理过一周的档案后，王爷立马直接跳过大部分人和上级领导申请要开始核对订货单，这几乎是没有哪个新人敢直面的惨淡人生，因为一个订货单出现问题，公司就是上百万的亏损。领导哪能随随便便就放权给一个新人，但王爷说过一番话后，领导竟无语反驳。

"如果你要用我，就让我发挥最大的作用，如果你只是请人来磨洋工吃闲饭，那你去请稍微懂事一点儿的高中生就行了，那个成本低，只是写写抄抄，每个月还有几千块钱，肯定有人愿意做。"当时王爷就是这样和领导说的。

"周，你不要以为活在温柔里的人就会变得温柔，不会，活在温柔里的人只会变得懦弱，我一直这么认为。"

当时王爷问我："你做不做？"我心一横："做！"

我和王爷曾经共事过很短的一段时间，当时我们俩被安排做同一个项目，我第一次真切感受到王爷与其他人的不同。那是年底最难熬的日子，基本上大部分人的心思都已经放在了回家的路上，而王爷却丝毫没有提起过回家的事。王爷有一个原则，如果不是迫不得已，她不会加班，但是就是那几天，王爷几乎天天留下来，并不是因为她做事效率降低了，反而是在那几天，她做了双倍甚至三倍的事情，我一开始特别不明白她为什么要做那么多工作，我还以为她受了什么刺激，在所有人都日渐闲散的日子里，她是唯一撑到最后的。

加班太晚，我索性请她吃夜宵，说起这个事情来，我说："你别太拼了，对自己好一点儿。"王爷不以为意地吃了两个鱼丸，说："我对自己挺好的啊。"而我说的这句话，前前后后有不下五个人路过王爷的工位对她说。似乎每个人都在关心她，但是她却一句话也没有听进去。

年后回来，有将近一个月的时间，整个公司都陷入了混乱之中，因为一个假期囤积下来的业务要在两三天之内全部做完，而且因为年前状态松懈，各个部门开始陆陆续续出现纰漏和错误。在这样的局面下，只有王爷还可以像往常一样泰然自若地轻松工作，而我和王爷管辖的项目也是年后唯一没有出现问题的。那时候，我才渐渐明白她之前的意思。

兰新第一次出差和王爷分到一起，后来听王爷说，兰新全程都睁着眼睛没有睡觉。下飞机之前，两个人都没有讲过一句话，直到取完行李，抵达酒店，兰新才开口说："王姐姐，我可以和你住一间房吗？"王爷看着她问："为什么呢？"兰新说："因为……我有点儿怕黑。"王爷淡淡一笑，说："自己睡吧，总要习惯，我唯一能做的，就是睡你旁边那个房间。"

大概洗完澡以后，兰新突然敲响了王爷的门，王爷裹着浴袍从猫眼里看到兰新，问："怎么了？"兰新说："想和王姐姐聊会儿。"王爷叹了一口气，打开了门："给你半个小时，不要想聊着聊着假装在我这边儿睡着。"

"王姐姐是不是很讨厌我？"兰新突然说道，"比方说待人接物上面，或者工作管理方面，我都做得不好。"

"没有，我没有讨厌你，我为什么要讨厌你？"

"那为什么王姐姐的态度总是……"

"妹子，我和你说，不是对你，即使对其他人，我也没有多热情。我认为人和人之间最佳的交往方式，就是既不亲昵又不沉闷，我不会和谁刻意拉近距离，当然，我也没有嫉妒、讨厌、陷害过谁。"

兰新的眉头皱得更紧了："我觉得我好像不是很适合这份工作……不知道为什么。"

"因为他们对你太温柔。"

"呃……"

"不要随意去相信那些温柔，蜜罐子泡久了，自己也会化掉，真正对你好的人才不会一直给你吃糖，只会提醒你吃糖会坏牙。"

"啊？我不懂。"

"不懂就算了，回去睡觉吧。"

"王姐姐，你会教我吗？"

"我能教什么？我自己也是个半吊子。我唯一能和你说的就是，万人宠不如一人懂。最懂你的，就是你自己，什么是想要的，什么是不想要的，你比谁都清楚。对你好的人不是说一定在害你，但也不一定能让你成长。"

不久之后，兰新和王爷被安排合管一个项目，当时又到了难熬的年底，办公室里往往剩下的也只有她们俩和我，我是因为工作效率低，但她们不是。加班结束，我还是照常请她们吃夜宵。我说你们真是有缘，分到一组又分到一个项目，兰新笑呵呵地说："哪儿会那么有缘，能和王姐姐分到一个项目，是我去找领导申请的。"我有些诧异，王爷倒显得平静。兰新继续说："如果可以，我也希望能够活成王姐姐那样的人。"王爷咳嗽了两声，说："不要去学别人，真的没必要。"

年会当天，兰新拿下了市场组最佳新人奖，奖励是马尔代夫六日游，当兰新接过奖杯的时候，她说："这个奖其实我自己是拿不到的，我想，这应该是我和王小姐一起获得的成果。"然而人们找遍整个会场，根本看不见王爷的身影。因为王爷才不会参加这样的聚会，当天晚上，她和我早已经飞到香港去购物了。

那天晚上我和王爷站在维多利亚港边上看夜景，我说："你这个人整天哪来那么多人生道理？"王爷一本正经地说："那些才不是人生道理，那是我生活最基本的原则。"

圈子不同，不必强融

我有一个关系很好的同事，你们都知道，她叫王爷。众所周知，王爷的特立独行的风格简直让人沉醉痴迷。但很快我就发现了一个问题，王爷在公司并没有那么多的朋友，于是我忍不住问她，是否觉得孤单。

从家乡千里迢迢赶到上海，没有亲人也没有朋友，时间被工作挤压得谈一场恋爱都觉得奢侈。这样的生活，一个人真的扛得住吗？后来王爷问我："孤单的定义，到底是什么？把你置身于一群人当中，跟着他们一起嬉笑怒骂就觉得不孤单吗？朋友就是解决你孤单的工具吗？"

王爷一问，我竟答不上来。

王爷说："只有无所事事的人才会觉得孤单，朋友是在志趣相投的领域不经意的偶遇，不是为了标榜自己人气而随意结识的路人。"

那时候Sunny刚刚从毛衣组调过来，坐在王爷对面。初来乍到的她第一天就带了多份零食，间歇递给王爷，分给周围的人。中午吃饭的时候，问组内其他人要去哪里吃，大家投票说吃乌冬面吧，

Sunny就主动拿出手机来说："我来团购好了！几个人？"下午大家偶尔偷懒聊天，说起上周末的聚会，Sunny也忍不住来搭话说："那里很不错的呀，我经常去的！"然而这种情况往往换来的是热脸贴冷屁股。大家不但会因此中断话题，甚至连参与者都不知道为什么会插进来个莫名其妙的家伙。

Sunny把组内每个人的微信都加了一遍，只要有谁朋友圈发状态，她都第一个点赞，然后说一堆让人开心的话。但其他人看在眼里的是，不管那条状态底下有多少条回复，总是没有人回复她，同样她每条状态下面，基本上没有组内任何一个人的点赞和回复。

每年的十一月，公司会组织一次近郊的旅游，因为公费，所以基本上全公司的人都会参加。但很快就有问题出现了，公司为了节约经费，一般安排两名员工住在一个房间。于是组内和Sunny分到一起的迟慧很快就不开心起来，显然也没有别的人愿意和迟慧换房间，于是迟慧便私下和总务要好的妹子说悄悄把名单换掉，就说之前的出了问题，重新分组。这种事情在办公室根本瞒不住，Sunny很快就从别人口中听说了这件事。最终Sunny自己跑到总务去，说当天有事，可能不能参加了。

午饭的时候，我和王爷聊天，说到Sunny，觉得其实她也蛮可怜的。王爷低头吃鳗鱼饭，没有理我。我接着说："真的，我觉得你们组其实有点儿过分了。"王爷咽下口中的饭，看着我说："可怜吗？她是把社交友谊看得太廉价了，哪能吃吃喝喝，随便搭搭话就能成为朋友呢？虽然说感情的事，要付出才有回应，但是付出之前如果连对象也不看，那就是自讨苦吃了，认识那些与自己价值观完全不同的人有必要吗？在他们每天谈论婚丧嫁娶的时候，我觉得和他们多待一秒钟都是在浪费时间。有些人可以成为朋友，但有些人仅能止步于同事，很简单，除了工作关系，我们没有别的交集。"

接下来的一个下午，我注意到只要是有人叫Sunny做事，Sunny就会很热心地去帮忙，然而帮过之后，他们除了一句简单的"谢谢"也并没有给Sunny太好看的脸色。在这样的情况下，每个人还是做着自己的事情，在各自的轨道上行走，不会有谁特地为了某个人停下来，更不会有人为委屈哭泣的人递上一张纸巾。下班之后，大组聚餐，名单里面漏掉了Sunny，她只淡淡一笑，说："没关系，我正巧约了人，就不去了。"我因为事情没有做完，跟领导说晚些去，最后竟不知不觉忙过了头，打卡下楼的时候，想着干脆别去了，回了信息，打算去便利店买个面包，却发现Sunny坐在便利店的椅子上吃盒饭。

原本我想上前打个招呼，谁知道却被一只手拉住，回头一看，正是王爷。

"她坐了有一会儿了，想必心情不好，你上去叫她，只会更尴尬。"王爷低声和我说。我诧异王爷为什么会突然出现，王爷耸耸肩说："你知道我不喜欢参加那些乱七八糟的聚会，去附近买了点儿东西，有点儿渴，进来买水，结果看见她。"

如果我没有看错，Sunny无神的双眼有些泛红，她慢吞吞地吃着面包，时不时望着手机发呆。

那天我和王爷坐在南京路苹果旗舰店旁边，王爷给我讲了一个故事，她说："每个人都有过犯傻的时候，曾有一段日子，我也一样。上大学那会儿，因为朋友而认识了新的朋友，我总觉得和他们是合得来的，却不料别人私下根本没有把你纳入圈子，有活动也好，有心事也好，你都不会被选为参与者，好多看起来的投缘不过是逢场作戏。不要以为你掏心掏肺，别人就会善待你的友谊。有时候，一群人聊的事情，其实你根本不感兴趣，但是还是想要去插嘴附和，以为别人会因为跟你有共同爱好而注意到你，其实到头来，都是自己在演独角戏。"

王爷看着我说："你总担心我在公司里没有朋友，我却一直认为，朋友是因为气场相合而彼此吸引，而不是刻意为之。好比我跟你，似乎从来没有举行什么特别仪式，宣告天下'我们是朋友了'，但我们却依旧相处得很开心。所以，我从来不会为了解决'孤单'这个问题，而让友谊变得廉价。圈子不同，不必强融，一直是我信奉的价值观。"

我说："那我们应该去和Sunny说一说这些事，不，我说不清楚，我觉得你应该去劝劝她，一方面你是女生，另一方面你有过感同身受的经历。"

王爷摇摇头，把喝完的饮料瓶扔进垃圾桶里，说："永远不要以为自己是谁的救世主，我们救不了别人。相信我，能让她活过来的，除了上帝的偶然安排，就只有她自己彻底清醒。"

王爷说："周，说个身边的事儿吧。之前我有一个朋友，和我也算是非常投缘，两个人相识也算多年了。后来她开始混娱乐圈，起初并不开心，时常给我打电话，说身边的小团体，基本很难挤进去，虽然每个人好像都认识了，但是别人讲话开玩笑从来不会带上她。因为大家都出唱片拍电影，她也很努力想要和那些人看齐，事实上她的条件并不差，只是缺少机会。终于机会到了，她出了专辑，给圈子里的朋友都寄了一张过去，说是希望大家指点指点，其实也是希望其他人在某些时刻能够想起自己。然而，唱片寄到后，几乎都没有回音，几个月后问起，对方才突然意识到自己好像确实查收过什么东西，却放在角落根本没有注意，唱片上积满了灰。她也只是和善地笑，没关系没关系，有时间听听好了，但是每个人都很忙，在你不够强大的时候，根本没人会注意到你。

"过了几年，风水轮流转，又有新人入圈，她也就成了前辈，或许时间对了，也或许她确实越来越优秀了，一下子跃居前线，很多人都开始注意到她。这时候，过去那些不把她放在心上的朋友又开始和她交往起来，好像之前那些不在意和不重视都没发生过一样。说到底，还是自己底子硬了，也就不存在所谓的'巴结'和'讨好'了。"

王爷淡淡一笑，说起自己如鱼得水的日子显得格外平静，那些曾经看起来好像格外神圣的圈子，当自己真正踏进去之后，才发现一片狼藉，大部分人都带着伪善的面具，做着两面派，诋毁着可能前一秒还在微笑聊天的人。最后抽身出来，回归自己，她才明白其实一开始就不属于那些圈子，说到底，朋友不是乞讨来的。

虽然王爷固执地认为这些事情不要去提醒，但是我还是私下写了一封邮件给Sunny。内容不多，我只是告诉她，与其把时间花在在意别人身上，不如花在自己身上。下班的时候，我收到Sunny的邮件，简单的两个字：谢谢。

Sunny开始非常用心地经营自己的工作，也想方设法尽可能得到领导赏识，但是组内人员太多，每个人都有强烈的表达欲，Sunny依旧淹没在众人之中。办公室加班的人并不多，Sunny便是其中一个，因为没有同事邀约，也没有额外安排，所以她常常在格子间做事做到很晚。

大家都说Sunny因为被男友甩了，没人要，才会落得这样的下场。王爷在茶水间听到，忍不住回了一句："前几天我刚好看见她男朋友买了玫瑰在楼下等她，也不知道是不是你们都看见了，才压抑不住嫉妒说这样的话。"最后弄得大家无话可说。

半个月后，Sunny申请调组，但是人事告诉她其他组没有人员需求，最后Sunny说她可以接受外派，那个时候海外事务所人不多，申请其实并不难。很多本地的员工都不想去那么偏远的地方，工资并没有比国内高出多少，而环境还要比现在差，但Sunny还是执着地申请了，走到我工位旁边，递给我一瓶酸奶，说："谢谢你。"Sunny笑得很轻松，然后回到工位上收拾东西。

Sunny去了海外之后，每每我们开电视会议，基本都能看到她。听说，她去了海外之后很快就成了主心骨，因为人少，所以交际圈子简单，大家没有那么多的想法，只想着开心工作，氛围很好。后来Sunny作为海外事务所代表回来的时候，以前那些同事突然都拥上去问东问西，好像迎接归国友人一样。Sunny一年之内连升三级，我和王爷说起，王爷笑道："好歹她终于知道了自己要什么，这可比什么都重要。"

Sunny过来和我跟王爷打招呼，我说："看你越来越好了，真替你开心。"Sunny大方地笑，说："谢谢你的信。"转身又对着王爷说："还有，你的面包。"

我略感诧异地看着王爷，王爷耸耸肩，表示不明白。Sunny说："虽然过去很久了，但是我还是记得，那天我坐在便利店，饥饿难耐的时候，你递给我的面包。你说：'虽然面包比不上佳肴，但至少在饥饿的时候可以果腹。'然后示意你手上也有一个。你或许不知道那一刻对我来说有多重要，在所有人都去聚会的时候，你愿意和我分享一个面包，虽然平时我们话不多，但是我知道，你是把我当成了朋友。那时候我一直羡慕你的能力，后来才知道，原来你吸引人的，是你总是保持自己的态度，从不讨好他人。"

Sunny回海外之前，给王爷发了一条信息，她问："怎么样才可以真正地做到不计较呢？"王爷回了一句话："成长到让别人计较你。"Sunny回了一个笑脸，她说她应该知道了。

以前我一直担心王爷是一个没有朋友的人，会孤单，会寂寞，会因为没有人交往而失去存在感。但渐渐地，我才明白，存在感从来不是别人给的，而是因为自己太过弱小，才没有足够的分量存在在世界上。

我和王爷坐在天台上喝咖啡，只是简简单单的两个人，我们从来不会媚俗地去讨好对方，也不会硬要融入对方的圈子。朋友，最简单的相处方式是，因为你的美好而接受你，不是因为你的讨好和刻意而将你纳入交往名单。你不需要讨好全世界，只需要等待被你品质吸引的人，自动且乐意和你走到一起。

走再远也走不出你的心

办公室里有一个背包客,叫意莲,她最大的爱好除了旅游就是在朋友圈里晒自拍照,今天在西藏,明天在丽江,人们从照片上基本看不到美丽的风景,因为那张硕大的脸占满了整张照片。她常常说:"我们不要旅游,要旅行,要懂得在风景中找回自己。"一个小时后,朋友圈只有一条她自己的评论,上面写着:统一回复大家,我在白云的故乡。后来我把这些消息给王爷看,王爷问我:"你为什么总是那么在意别人的生活?"我说:"茶余饭后找点儿话题罢了。"王爷说:"把别人的生活作为话题的同时,你的零零碎碎也可能正在成为别人饭桌上的'下酒菜'。"王爷的话让我立马住了口,但是私下每每看见意莲乐此不疲地晒自拍,我还是忍不住想吐槽几句。

我刚入社会那会儿,无意中和王爷说起旅游的事,知道她去的地方多,见的世面广,也想知道外面世界到底有多大,到底是不是那么美好。王爷说:"上大学的时候,我特别迷文艺片,总想着浪迹天涯,仗剑四方,想着在茫茫人海中遇见一个他。现在想来,做这种鸳鸯蝴蝶梦还是因为那个时候太闲了,我总觉得去的地方多了，回来就有可以和身边的人攀谈的资本，甚至在别人扯谎浮夸的时候，冷不丁地甩出一句真相噎死他。渐渐地，真的去了很多地方以后，我才发现，其实每个地方都一样，那些曾经痴迷幻想的远方，其实也不过是另一个可以生活的世界，有楼房有超市有汽车有人有爱有故事，回头来看，换汤不换药。"

王爷说她大学的时候去一次香港就像去了一次外太空一样，好像一回到学校，就感觉自己不同了，可以傲视群雄了，可以趾高气扬了，可以光宗耀祖了。其实你越是嘚瑟越是掉价，大家只会当面装出羡慕的样子说："啊，好厉害，香港很棒吧？"私下里根本就是嗤之以鼻，说那×××不过是去一趟香港，就好像见过了全世界一样。旅游的钱不是亲爹给的就是干爹给的，没什么了不起。

这些话当然最后传到了王爷耳朵里，一开始王爷自然很生气，想着自己旅行的钱都是靠一边打工一边省吃俭用存下来的，哪里来那么多亲爹干爹疼自己？她原本打算好好和对方理论一番，但回头仔细想想，要不是自己到处炫耀，又有谁会出言不逊来伤害自己呢？开心的事自然要和大家分享，但是分享过度，就是自我标榜，自己再开心，过得再好，说到底，都是自编自导自演的独角戏，既然是演戏，就控制不了观众的评头论足、指指点点。

"所以说，其实不管你是在炫耀还是在看别人炫耀，都不是件好事，不是伤害了他人就是伤害了自己，得不偿失。年轻的时候，总想要别人看见自己的好，等到长大了，才明白，真正的幸福，是学会欣赏别人的美好。"

王爷说："现在的人动不动就想去看看远方，当然，有部分人是真的希望得到远方静谧的洗礼，剩下的大部分人不是为了凑热闹,就是为了炫耀,那些走过的路,看过的风景,原本应该是自己心中最难忘的回忆,却不料成了大众口中竞相谈论的话题。他们不是非要给旅行冠上'神圣'的含义,只是我觉得,旅行说到底,都是为了自己。"

而这样的心态,其实不止意莲一个人有,公司里的人或多或少为了满足自己的虚荣心,都忍不住要和大家扯扯自己的阅历。昨天去香港买了包,前天去日本买了电饭煲,最近用的化妆品都是在英国逛街的时候买的,女儿要是不在国外念书,肯定是不行的,国内情况太差了,等等。人们在这样千篇一律的聊天中各自自我满足后,纷纷离散,私下回家责怪老公你不努力,我就过不上好的生活;怪罪孩子,你不刻苦,长大了就去捡破烂吧。"别人家的"已经如何如何,我还没有去过新马泰(旅游专用词汇,是新加坡、马来西亚、泰国的总称。),我还没有去过港澳台,没有去欧洲看看,这辈子怎么甘心呢?等到费尽千辛万苦终于看过这些地方时,别人已经在冰岛住过好几次了,光是看极光就已经跟看黄浦江一样频繁,除了追赶,好像也没有别的办法。

实际上,这些人并没有那么多资本可以到处旅行,有工作有家庭,时间完全被消耗殆尽,甚至外语根本不能达到可以和外国人交流的程度。他们跟团什么的,也都是去看看满世界华人为什么这么多,到处都是中国人在购物,不知道为什么走在国外的街道上,除了风景不同,也没有觉得和国内有什么区别。但他们依旧觉得,不走远一点儿,就不是旅游。

旅游成了攀比,就像追求的精神奢侈品。

记得有一次,组内一起吃午饭,有人突然问起意莲,说:"你上次好像去过香格里拉,怎么样啊,说来听听。"最后意莲支支吾吾好像也没有说出个所以然来,只是说好像也没有什么特别的。天很蓝,人不多,环境很美,具体怎么美,已经不太记得了,随手去翻照片,才发现基本上都是自己的脸,也分不出哪里是丽江,哪里是香格里拉。她最后扯着嘴笑笑,说:"哎呀,你下次自己去一次就知道了,这种事要自己体会。"

对于意莲这样的旅行方式,王爷只是淡淡一笑,王爷问我:"周,去一个地方旅行的目的是什么?"

我装作很有学问的样子说:"人嘛,除了生活,还有诗和远方。"

王爷终于忍俊不禁,说:"那个'远方'你还真是看重得不得了。是不是一定要去过马尔代夫才叫看过海,在三亚的沙滩上躺一躺,看的都是小水沟?如果只是在佘山转转,是不是要被耻笑在小山丘上吹风?要是在中山公园看一下午的书,是不是要被耻笑不如在家睡大觉?所以,我们的旅行一定要在方圆几百里之外才叫旅行,去个青浦、朱家角只能算下乡吗?"

最后王爷说:"周,有时候我觉得,其实走得远不远并不重要,关键是是否走出了你的心,去见识了前所未有的新东西。"

周末的时候,我和王爷在静安寺某家私人小影院重温《东邪西毒》,欧阳锋的经典台词又一次警醒了我们:为什么人总想要攀越眼前的山,走过去才发现山后并没有自己想要的东西?王爷说:"那不是山,那是心。你以为山的那边真的不如山的这边吗?其实王家卫在骗你,明明攀山越岭的途中看见了那么多不同的风景,又怎么会是同样的心境呢?"

五一之前，我和王爷原本计划去一次台湾，并不是真的要去台湾玩，而是想着去见某个辞职的在台湾的同事，又凑巧想去台北夜市吃吃东西，但是最终我们的计划流产了，因为我突然接到上级的任务，没有人接手，公司自然不会有让我休假的时间。我以为王爷会生气，想着前几天她还在用手机查攻略，想着尽量做详尽一点儿，满满的地图上都是标注，我觉得王爷简直可以去做旅游作家了。正因如此，我才想着当我把我不能去台湾的消息告诉她时，她会不会立马掀桌，把攻略扔在我脑袋上。可真正当我说出口的时候，王爷只是简单地噢了一声，我正等着她下一秒爆发时，她却说："那就周末去船厂路附近转转吧，那里也挺好。"

"你……你不生气吗？"

王爷眨了眨眼睛，说："我为什么要生气？"

"计划……不是被打乱了吗？"

王爷笑着说："我们又不是为了要去台湾而去，不过是没有机会见亚玲了，大不了下次喽。我们只是想吃东西，就趁晚上去吃小龙虾好了，只是到处兜兜风，徐汇滨江也并不差啊。"

"你果真这么想？"我忍不住又问了一遍。

王爷冷不丁点点头，又开始转过身敲她的键盘去了。

五一当天天气确实不错，徐汇滨江大道上，人并不多，比起外滩南京路这种地方，这里简直让人舒心，王爷也果真会挑地方。

王爷走了几步路，深深地吸了两口气，然后对我说："舒服吗？"

我点点头。

王爷说："其实去哪儿不都一样吗？比起去人挤人的旅游景

区，我宁愿花一下午的时间去干净利落的郊区走走看看，旅行说到底，是求一种心境，也是求一分心静。"

几个小孩正在路上开电动赛车，我和王爷索性坐在边上看，江上远处的船只在鸣笛，几只飞鸟在空中盘旋，我问王爷："你已经去过那么多地方了，还有想去的地方吗？"

王爷推了推鼻梁上的墨镜，说："有，人其实走再远都走不出自己的心，真正抵达终点的那一刻，倒不是你走了多远，而是你真正打开了自己的心，认识到自己的短浅和不足。"

这时，意莲的大脸再一次出现在了朋友圈里。她又去了苏梅岛，然而状态下面依旧没有人回复。我拿给王爷看，王爷却抢过手机，从容地点入"设置"，选中了"不看她的朋友圈"那一项，王爷说："好了，这样子，整个世界就安静了。"

她躺在绿地上，没有再说话。她戴着墨镜，我看不清她是否闭上眼，但她嘴角浮动着微笑，就和天空一样晴朗。我闭上我诧异的嘴，学着她的样子躺了下去。阳光正好，鸟语花香。当阳光落在我们身上的时候，我想：对啊！其实走哪儿真的重要吗？还是，这应该就够了。

Two

相逢的人会再次相逢

XIANGFENG
DE REN
HUI ZAICI
XIANGFENG

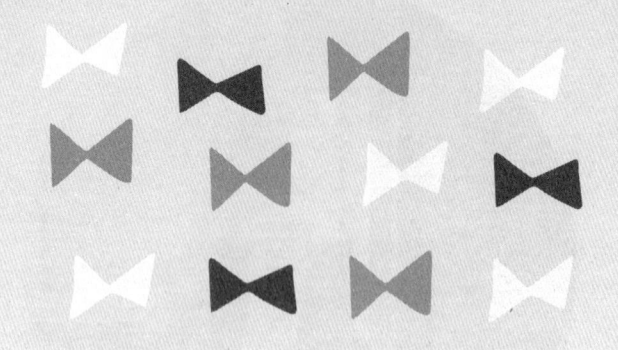

Different from others

爱的密码

　　我和小朱在大排档喝啤酒，说到两件烦人事：感情和工作。小朱最近刚刚辞了职，准备远走他乡，好好旅游一圈，再也不用理会那些贼眉鼠眼的领导和没完没了的工作了。说来洒脱得让人羡慕，三杯两盏淡酒以后，我们又找回毕业时候的意气风发。小朱说："你呢，最近为什么分手了？""其实分手和辞职没什么区别，无非是一方不再选择或者需要另一方了，或者说，不能再忍受另一方了。"我这个回答让小朱觉得差强人意，因此他也没有继续追问下去。

　　晚上我跟着小朱去他的"猪窝"睡觉，小朱说他旅游不知道什么时候回来，钥匙先放我这里，想住就继续住吧。

　　第二天小朱走了，留我一个人在他三十五平方米的小公寓里，睁开眼就是杂乱无章的生活。我不想洗脸刷牙刮胡子，随便套了件衣服出去吃早餐，然后又滚回屋子里看电影打游戏。

　　分手是件烦人事，因为我和她住在一起。分手了，就理应不再同居，但是我交了一半的房租，屋子里有一半的东西是我的，重新找房子没钱，把她赶出去，不可能，最后只有暂住在小朱家，好在他肯收留。

夜里少了个人说话，时间一下变得长起来。我吃完盒饭上网，无聊难耐，好想给她打个电话。想起小朱说，爱就是犯贱，没人能阻拦你，毕竟爱和咳嗽一样，想憋都憋不住。想来想去，我还是忍住了，蒙头睡觉是解决问题最好的方法。

一星期后，我收到小朱的短信，说往我邮箱里发了东西，叫我有时间去看一下。"邮箱？哪个邮箱？"小朱说："就是你常用的那个。"其实我很久不用邮箱了，自从上班之后，邮箱是公司给的，电话是公司发的，电脑也是公司配的，在网络上我好像变得没有什么个人隐私了，我打开曾经再熟悉不过的页面，却怎么也进不去了。

密码错误！

我发信息给小朱，小朱也没有反应，打电话，对方不在服务区。

点"忘记密码"进去，得到的反馈是，请按提示问题作答。

1. 你最爱的人的姓名？
2. 难忘的事？
3. 爱的密码？

看着这三个问题，我把曾经那个设这样密码提示的傻乎乎的自己嘲笑了一千二百遍，但嘲笑完后，我沉默了。

看着屏幕上这三个问题，我竟然只能答出第一个来，我把她的名字输入之后，却怎么也无法对第二个问题下手。

大一那年，班上的女生都迫不及待要从女孩过渡到女人，她们疯狂地烫头发，穿高跟鞋，换各式各样花哨暴露的衣服，好像终于从高中封闭的牢狱中逃离了出来。借此机会，我去批发市场进了些生活用品在宿舍楼下摆摊售卖，她就是我第一个顾客。当时的我巧舌如簧，说得她稀里糊涂买了一套洗发水，结果第三天她过敏了，蒙着纱巾来上课，看见我就叫我赔钱。她印了好多宣传单，贴得宿舍园区到处都是，把我的罪行揭露得淋漓尽致。我把她举报到了学院的环保岗，说她到处乱贴牛皮癣广告，她就直接把宣传单放到了辅导员办公室，最后我被逼着退了她500块，不得不对她说一句："算你狠！"她揭了面纱，红疹暴露无遗，指着脸冲着我说："你不狠？"那时候我还没有意识到在女生眼中脸比钱重要，我只意识到，这丫头疯了。

当我在第二个问题那里输入"洗发水"的时候，系统很不客气地给我标红了。

大二那年，班长组织溜冰，她穿着冰鞋战战兢兢，我在后面推了她一把，结果她摔了个狗吃屎，牙磕出了血。我吓得背上她就往医院跑，医生说还好她下巴肉多，不然肯定要缝针。她叉着腰冲我叫，嘴里流着血说话也嘟囔，我看着她笑，她一气之下把我从楼梯上推了下去，结果我摔了个粉碎性骨折，变成了她天天来医院看我。她悄悄在寝室用电热杯给我炖了汤，我耍脾气不喝，她放在我床旁边，说你爱喝不喝，理也不理就走了。我以为她走了，偷偷喝了一口，她就从门外跳出来笑我，我涨红了脸，她就得意地走了。

后来我们俩一直不和，一直吵架，见面斗嘴都成了家常便饭。有一天她不吵了，我倒奇怪她哑巴了。那天我在背后嘲笑她袜子左右穿得不一样，笑得逸夫楼过道的人都听见了。她一句话也没说，抱着书就走了。我骑单车追到她面前，说她小气说她矫情就想逗她生气，结果她突然哇哇大哭起来，眼泪都滴在了书上。这一哭把我吓到了，她说她爸妈今天离婚了，越说越难过。我把她拖上后座，拉着她去学校门口喝了两瓶二锅头。我说喝醉了人就开心了。她不信，一口气灌了一瓶下去，结果人倒在地上，差点儿醒不过来。那天晚上她说她冷，我就把衣服脱了披在她身上，学校门口的过江上还有船，对岸灯火阑珊。她说我是骗子，就是醉了也不开心，我讲了好多好多笑话，讲得口干舌燥，她一下也没笑，最后她说："买个冰激凌给我吃吧。"我用身上仅剩的五块钱给她买了可爱多，她终于破涕为笑了。她说："你故意迎合我的时候特别不可爱。"

有一天，我发现有男生开始接近她，常常出现在她身边，她也开始有了自己的生活。那个男生读大学时就有自己的车，家也住在城区，个子高高大大，十足的万人迷、高富帅。如果我是她，我想我也会喜欢那个男生。但是人就是在这种情况下才明白，原来自己已经爱上了对方。

我把"住院""喝酒""斗嘴"依次输了进去，却都不是正确的，有些泄气，干脆放了首歌，蔡琴的《张三的歌》。

那是一个大冬天的夜晚，我光着膀子在操场跑步，虽然很冷，我还是跑得满头大汗。那天不知道是肾上腺素分泌过剩还是血液刺激大脑，我居然就这样冲进了女生宿舍大楼，啪啪啪敲她宿舍的门，把她拉了出来。

她莫名其妙地看着我，我说："你什么都别说，陪我去个地方。"我把她拖到我单车后座上，一个劲往前蹬，她说："你疯了吗？"我没有理她，也只有年少的时候才能做这样疯狂的事情，内心只有一个想法，带着她就这么离开。她一路上就骂我神经病，大半夜跑出来骑单车，一边骂一边打我，说要是我再不停，就从车上跳下去。我没想到她说跳就跳，腿摔了个长口子。我扔了单车跑过去说："你疯啦？"她恨恨地看着我，说："你才疯了！你到底要干吗！"我憋了很久，最后挤出几个字："我要带你私奔！"她盯着我，看啊看，最后也不顾腿上的伤，一下笑了出来。

她说："你就用单车带着女孩私奔吗？"

我说："那才有诚意！"

她说："你个穷光蛋。"

"私奔"的关键词居然对了，我根本想不到当初为什么会设这个答案，想想真是笑掉大牙了。但是笑着笑着，我居然有些想哭，点了支烟，站在阳台上抽了会儿。

爱情，似乎总是在萌芽的时候最美丽，太早或者太晚，都不行。我们最美的记忆莫过于大学那些年，毕业后，我们继续我们的爱情，幻想着遇一人白首，择一城终老。但当两个人住在一起的时候，才发现柴米油盐酱醋茶远比世上任何一种关系都难。工作之后的我们，连吃饭看电影唱歌都变成了形式，下班回来好多次躺在床上就睡着，两个人的话变得越来越少，"嗯""哦""好"成了说得最多的三个字。我们每天为了做饭洗衣服打扫卫生争吵，却再也不是年少时候那些妙语连珠的斗嘴，终于，两个人日积月累的小冲突在某天汇聚成大冲突爆发了。她摔了碗，给了我一耳光。

望着屏幕上最后的"爱的密码"，我犹豫了很久。在尝试了我的生日，她的生日，我们的纪念日，她的电话，我的电话，甚至是我们生日的乘积以后，最后都以失败告终。

我望着阳台，好像看着平日在晾衣服的她，她说："你这件衬衫领子都黄了，一天到晚不爱干净，真不知道什么时候能习惯好点儿。"我也只是叹气。烟灰撒在了桌上，她一个劲地叫，叫得我耳朵都快聋了。但音乐一停下来，房间就彻底安静了，这种安静让我内疚。我为什么要去偷看她的手机，我是不相信自己，还是不相信她？为什么在她摔碗的前一刻先砸了手机呢？

我们俩是怎么在一起的？好像那次之后，就顺理成章了。最后，她站在过江边上说："你来追我啊，追到了，就和你私奔。"我没有送过她玫瑰，也没有给她买过什么衣服，买过什么鞋，更没有真正意义上和她说过"我爱你"，但她为什么就和我走到一起了呢。

那年汶川地震，我们大学的城市在震源附近。就是那天中午，整个寝室晃个不停，我还以为是上铺在抖脚，后来知道是地震，穿着短裤就往女生宿舍跑。我是真担心她出了什么事，打电话却怎么也接不通，因为真的有宿舍塌了。后来老师出来拦人，说统一往操场疏散，结果一群人挤在操场。我就在人群里找啊找啊，一边找一边喊她的名字，叫到我快要哭出来了。当天的操场就只有我像疯子一样到处喊，当她跑过来的时候，我一下子抱住她就像白痴一样哭了。那是我人生中为数不多的哭泣，她说："你傻啦。"我也不管其他人怎么看，对着她就说："要是你今天埋在楼下面了，我马上就从男生宿舍楼顶跳下去。"当场所有人都鼓掌了，弄得我反而不好意思了。

想到这里的时候，烟快要烧到我的手了，我给小朱发了条信息说："我忘记邮箱密码了，要是重要的东西，就发到共享盘里去吧。"小朱依旧没有回我，我看了看墙上挂着的他这些年的"丰功伟绩"，果然，他把青春都耗在了工作上，最终却还是选择了离开。

爱情，又何尝不是如此？大家把大把大把的青春放在了上面，却依旧逃不过争吵，伤害，离家出走，见异思迁。这样的瓶颈期有多少人会沉下心来好好想一想，回忆回忆当初的种种美好。我拿出手机，在她的名字上徘徊了很久，最后忍不住拨了出去，电话刚刚接通就被挂断了。

我的视线又落在了爱的密码的字眼儿上，不知道为什么，我尝试输入了"512"，系统就自动标绿了。打开邮箱我看到的是一堆照片，小朱在邮件里写道：天，我居然找到了这些照片！

照片里是小朱、我、她，还有我们一起养过的小狗papa，我们大学毕业后一起租了第一间小公寓，刚毕业工资不高，但合租的岁月是我们最开心的日子。那时候小朱带着papa每天晚上吃饭和我们讲笑话，谁有空了谁遛狗，周末三个人围在阳台上斗地主。但是一年后，papa失踪了，小朱换了工作，我们也各自搬到了新地方。

我换了外套，一个人跑到了外面，想着跑步可以让人忘记点儿什么，结果满头大汗回来倒地不起。昏睡中隐隐约约觉得有人帮我倒水喂我吃药，但是我醒来的时候，房间里就空荡荡的只有我一个人了。我给她拨了电话，没有人接，回家也没有人在，去她上班的地方依旧没有她的身影，我离家出走的第二天，她从人间蒸发了。我开始找她，印了很多寻人启事，最后被城管要求写了检讨书。

我一个人坐在店里喝闷酒，喝到后来我直接倒在桌上睡着了。我又梦见了她，梦见她对我说："你再这样邋遢，没人愿意和你生活在一起。"我说："我不邋遢了，我好好的，你回来好吗？"

是小朱把我叫醒的，叫醒的时候，电视里正在放汶川大地震五周年纪念晚会。小朱递了杯茶给我，说："你最近又重了吗？我都快扛不动你了。"我说:"你怎么回来了?"小朱看着我说:"我?回来?我去哪儿了?"我揉了揉太阳穴,白酒后劲就是足,让我头痛欲裂。小朱说:"怎么,还想她呢,刚刚你嘴里一直念叨着她的名字,五年了,还没忘记啊。"

小朱看着我手机里的照片,和我说:"不是我说你,每年这一天你都要拉着我去喝个酩酊大醉,但是你也知道,她回不来了。"

或许原本就不存在的故事,也只能依托梦境存在着。如果当初她还在,我们是不是反而会像梦境中那样过得一塌糊涂?

电视里的小姑娘跳着舞,一直转啊转啊,那个压在石头底下差点儿截肢的女孩,坚强地活了下来。她的舞蹈让观众都感动落泪,她说她要代替她爸妈好好活下去。后来记者好像又采访了很多人,说了很多话,但我却一直看着我的手机,我在想,她到底什么时候能发一条信息来,问我什么时候回家。

上帝给你关上一扇门，是为了给你一屋子的礼物

/ 1 /

我递交完辞职信后约了几个朋友出去大吃了一顿，这种感觉真是太爽了。好像从监狱里面放出来的犯人，终于看到了久违的太阳。

我可以想象回家之后再也不用对着电脑从第一封邮件看到最后一封邮件，一字一句担心漏掉，也不用担心一大早就接到领导的电话，说几点几点有重要会议务必参加，更不用担心客户会突然找上门来，说订单怎么还没有下，流程到底进展到哪儿了，不用忙到大半夜饿得肚子咕咕叫，跑到楼下便利店里去买茶叶蛋来果腹。

我那夜真是喝高了，以至于分不清虹桥路和凯旋路岔路口到底是有四道还是五道，过路的时候一个兄弟扶我，说："你没事吧？""我没事，真的，可开心了，开心得快要流泪了。"要是没有在路口踩到猫尾巴，进而一个踉跄撞到陈宝言的话，我应该会开心到下辈子去。

在我人生交往的黑名单里有三个大名永远立在那里，一个是我

小学的自然课老师，对，就现在看来，这种无关紧要的任课老师根本不值得你记恨一辈子，但是我依然怀着如果有生之年再见到她，一定要好好请她吃顿饭的想法。在我年少无知的岁月里，她是唯一一个不准学生打报告上厕所的人。要知道人有三急谁也管不了，但是她就是管了，而且害得我尿了裤子。那天我就一瘸一拐穿着湿漉漉、黏糊糊的裤子回家了，全班笑了我一学期，整整一学期！

第二个是我大学寝室的室友，那种可以半夜起来放劲爆音乐，然后敲打键盘让你无法入睡的混蛋，此生都不要再见。

第三个便是陈宝言。其实陈宝言并没有得罪过我什么，但是我打包票她上辈子绝对是天煞孤星，凡事和她勾搭上，一定没有好事发生。好比我刚才踩到猫尾巴，那圆滚滚的大肥猫就这样咬了我一口！

"太好了！你还没死！"

看吧，这就是她的开场白，让你完全没有要和她聊下去的欲望。

"我死了对你有什么好处？"我感觉胃里翻江倒海，头晕目眩，一下抱住了楼下的大树。

"我给你打了不下二十个电话，无法接通！你知道我大脑里闪过什么念头吗？我想你是不是出了车祸或者被人谋杀了！"

"我故意关掉电话的，我辞职了。"

"什么！那我怎么办？"

"什么你怎么办？"我严重怀疑她大脑神经元搭错了，不然怎么会吐出这么一句没头没脑的话，"你跟我，没有任何关系，好吗？"

"谁说没关系,我在大上海就认识你一个同学,我这个月因为一台学习机都没有卖出去,基本工资不够交半个月房租,我被房东赶出来了!"我从她身侧望过去,天,她把整个家都搬过来了!

/ 2 /

我实在很难想象我和陈宝言就这么住到了一起,一想到她这样一个有工作的人(虽然只是卖廉价又推销不出去的儿童学习机)居然要我这样一个没工作的人来养,就觉得实在有些说不过去。我给陈宝言腾出一个房间来,和她约法三章:不准去我房间,每周必须打扫卫生,等发了工资,也要分摊一部分房租。陈宝言点点头,然后哼着小曲开始整理起东西来,一会儿,她突然停下来,说:"这个房间不会就是夏夏的吧?"

我没顺着她回答,只道:"对啊,怎么了?"

陈宝言说:"天哪,我居然住在夏夏的房间里!"

夏夏全名夏承康,夏夏是陈宝言给他取的昵称,毕业之后我和承康一起进了现在这家公司。只是他的表现比我好,只用了一年半就被外派去了澳洲,房子空出来了,但是我懒得搬,承康也很够义气,每个月还是会支付他那一半的租金,他说上海找房子太麻烦了,每次都要押一付三,钱都被中介败光了,他涨了薪水,拿出一部分来也好,住了一年半的地方有感情,随时回来还可以住。于是我继续住着两室一厅的房子,开心地过活着。

陈宝言曾有段时间想方设法接近承康,我告诉她承康的女朋友是×××,她却不屑一顾,说狭路相逢勇者胜。跟她推销学习机一样,我真是对她佩服得五体投地。

后来承康去了澳洲,陈宝言伤心了很久,她说她失恋了,我压根儿没理她,她就像祥林嫂一样到处和别人诉说伤痛,其实男主角根本没有参与到这部戏中来。

陈宝言问我:"你玩Ins(Instagram,国外社交软件)吗?"

我摇摇头,根本不知道她说的是什么东西,她掏出手机,在我面前挥了挥:"你落伍了。你看,这是夏夏的Ins,我每天都会关注他在澳洲的状态哟!"我看着那叫作Instagram的app(应用软件),确实有承康的照片在里面。

"没兴趣,我喝多了,睡觉了,你收拾好了早点儿睡啊,我就不管了。"

/ 3 /

虽然辞职是件很爽的事情,但是辞职之后必须面对的是从第二个月开始工资卡里的数字就再也没有涨幅,你会很绝望地看着那越来越少的金额,最后只有张口要饭。我摇了摇头,立刻打消这恐怖的负能量,我得找点儿事情做,哪怕重操旧业也好啊!

我所谓重操旧业是指我大学干过的兼职。我是师范大学毕业的,曾一个月做过七份家教,那就意味着我一周七天每天都有活儿干,事实上我大学时是个富翁,有钱到我差一点儿就可以在老家付了房子的首付。不过那差一点儿就是差一点儿,我最终没能办成那事儿,因为我妈生了一场大病,赚的钱都花掉了。所以现在我也可以,只要我举着牌子站在书店门口,就会有很多家长请我回去的。

我就这样在高温天气下举着××大学毕业生的牌子站在书店门口,要不是经过上班这两年的摸爬滚打,我真觉得自己放不下这面子。事实上,同行比我想象得还要多,他们站成一排,牌子一个比一个好看,有人做了大海报,简直跟卖身一样,我摇摇头,真是后生可畏。让我一个毕业两三年的人和这群大学生抢饭碗,我竟感到可耻!

这时有一个家伙拍了拍我的肩膀,说:"兄弟,你新来的吧?"

我假装老成地说:"我之前在打浦桥那边,最近生意不好,所以到徐家汇来看看。"

那家伙呵呵笑了两声,说:"教学生多没劲啊,你要不要和我一起卖东西,赚钱比这个快多了。"

我狐疑地看着他问了一句:"什么东西?"

他拿出一张海报,上面写着"向阳学习机",这不就是陈宝言推销的那款吗?紧接着他就巧舌如簧地推销起来了,索性把我当成了他的客户,他说只要交点儿押金吧啦吧啦,就可以领一大堆学习机回家卖,卖了之后钱全是我的。我像他呵呵笑那样冲他呵呵笑了,然后收起我的牌子回家了。

晚上陈宝言回来,我说:"天哪,陈宝言,你居然在做传销!"

陈宝言瞪大眼睛看着我说:"胡说八道什么呢?我可是向阳学习机金牌推销员!"

我摆摆手,说:"随你吧,总之你记得交房租就可以了。"

陈宝言转而兴奋地说:"我今天卖出去三台,我是不是很厉害?你吃饭没?我请你吃饭吧。"

说实话,我真的没有吃饭。我算过工资卡里的钱,如果我每天吃十块钱的饭，还可以吃三个月，但是我怎么可能每天吃十块呢？所以我干脆没有吃。

陈宝言带我去中山公园吃日料，原本我对三文鱼之类的东西一点儿也不感冒，但是那天确实饿了，我不相信自己就这样吃掉了六盘三文鱼寿司。陈宝言后来干脆不动筷子了，看着我一口一口吃。等我酒足饭饱，打了一个饱嗝，这一天总算是完整了。

陈宝言突然说："我们俩是怎么认识的？"

这个问题一下子把我问倒了，我们俩是怎么认识的呢？好像和大多数人一样，很难回想起和另一个人初次见面的场景，甚至有时候不知道什么契机，两个人就逐渐熟络起来，而其中的线索脉络，很难摸清。

陈宝言抢过话去，说："那年夏天，我去看刘若英的演唱会。你，夏夏，还有你的女朋友，叫什么来着，我已经忘了，当时我坐在你们旁边。后来我听着奶茶（指刘若英）唱歌就哭了，夏夏站在我旁边，给我递了张纸巾，我发现他也哭了，后来演唱会结束，我们一起去吃了夜宵，才发现是校友，于是互换了电话，再然后，我叫你们一起去共青公园野炊……"

我摸了摸头，说："这么久远的事情你还记得啊，那时候我们才大三还是大二啊？"

"大三！当时你还在做家教，我还帮你介绍过几个呢。"

"好像是哟。"回想起来，我们确实一起看过演唱会，然后回家的路上，我的手机落在了出租车上，再也没找到，后来我们确实去吃了烧烤，然后我最喜欢的一件外套被烧了个洞。陈宝言也确实给我介绍了几个学生，那几个孩子不是成绩超烂就是品行有问题，总之最后都没有继续下去。就是从那时候开始,我一直认为陈宝言是个倒霉蛋,与她有关的事情都没有好下场。

"不过,你怎么就和你女朋友分手了呢?那时候我记得她还专门从上海跑去南京给你买过什么锁。"

"这种陈年旧账完全没必要翻出来了啊。"

"那为什么,她会和夏夏在一起了呢?"

"这种事,我怎么知道!"

/ 4 /

承康去澳洲前确实和我前女友在一起了,不过我相信他们在一起和我与前女友分手没有任何关系,当然如果硬要说有关系,那关系就是我。在我和前女友分手后的两三年里,我们都没有再联系过,可以说基本已经把彼此放下了,甚至有一天在网上看见对方,也不会再起什么波澜,最终也就是打个招呼,说两句话。承康原本也是有女朋友的,就是在陈宝言追求承康的那些日子。他女朋友是一家广告公司的公关经理,职位不低,会三门外语,总的来说和承康很配,但是承康还是和她分手了,原因就是他不想再给她买奢侈品。

至于他们俩到底是怎么走到一块儿去的呢,承康没有和我说,我也没有问。只是那天他喝了很多酒,倒在我房间门口和我说对不起。其实有什么对不对得起呢,我和她早就是过去式了,她原本就需要一个现在时。难道和我分手了,她还能一辈子不结婚吗?至少承康是个好人,他们在一起,我很放心。

陈宝言说:"你有什么好放心的,你不是都说和你无关了吗?"

确实,我有什么资格说这种话呢,还是陈宝言比较明事理。不过,陈宝言就是哪壶不开提哪壶,明明知道这种事情不要放在台面上讲,她却一点儿也不顾及。

在陈宝言上班的日子里,我又虚度了很多天,我不知道接下来自己要干什么,甚至觉得人生好像一点儿乐趣都没有了,上班的时候一直想要放假去旅行,现在才发现连饭都吃不饱了,怎么去旅行呢,想来真是可笑。

突然有一天,一个老同学打电话给我,真的是老同学了,初中同学,够老了,七八年没联系了。都说,如果一个从不联系你的人突然联系你了,不是要向你借钱,就是要结婚了。所以老同学打电话给我的第一句话就是:"班长,我想向你借一万块钱。"

要不是经他这么一叫,我都忘记我初中当过班长了,我说:"你要干吗?"

"我和我女朋友分手了,但是我买了房子,我想把她出的那部分钱还给她。"

"婚都没结,你就把房子买了,你真是够冲动啊。"

"这不是本来准备结婚了吗,结果出了问题,分了,谁想呢?"

说实话,我挺想帮他的,能够这么坦诚相见地和我吐露这些秘密,一般人做不到。可是我真的爱莫能助,我存折里的钱还够我花一个多月,我怎么借呢?

"班长,你是不是觉得我在骗你,所以不借给我啊?"

"真没有,我百分之百相信你。"

"但是全班就数你最有钱了,我知道的。"

你知道什么！当然我没有说出这句话，我还是笑着挂了电话，然后关了机。我知道我和他的关系毁了，如果以后再遇到基本是不可能再做朋友了，但是我说的也是事实，为什么当事人总是要站在自己认为的角度去考虑问题呢？

好比承康一直以为我是在意的，一直对我怀有愧意，所以，他继续承担这边的房租。其实他应该不会再回来了。我想明年或者后年，他应该就会和我前女友在澳洲登记结婚了。其实我真的没那么在意，我可以随时去参加他们的婚礼，如果他们愿意邀请我的话。

/ 5 /

当天晚上，陈宝言说要亲自下厨给我做顿好吃的。我扬言她就是想少交房租，陈宝言不以为意，继续在厨房倒腾，等到菜品出炉，全煳了。陈宝言一边笑着说："第一次下厨，始终有些上不了台面。但是我下次绝对不会了。"

我看着那些黑乎乎的饭菜突然很想笑。

这时候突然打雷了，明亮的屋子一下子暗了下来，应该是楼道间的保险丝断了。陈宝言一下子尖叫着蹲在沙发边上，她说她最怕打雷了，我说："你又没做亏心事，怕什么打雷？"陈宝言说："我做过！我曾经放过一个我非常讨厌的男生自行车轮胎的气！"我当场差点儿笑翻。

雨很快就开始下了，陈宝言望着窗外的雨，突然说："哎，这场雨之后，夏天应该又要结束了吧。"

我对着陈宝言说："喂，你到底是想要干什么呢？"

陈宝言看着我,说:"什么干什么?"

"其实我们并没有那么熟啊。而且,你在上海应该还有别的朋友吧?"

"你是要赶我走吗?"

"我只是,搞不懂为什么……"

"我也搞不懂,不过,我觉得你会搞懂的。"

这时我的邮箱提示音突然响了,"××公司AE(客户经理)职位邀请你明日前往面试……"我一字一句读出来,"什么鬼,搞得和真的一样。"

"啊,是真的啊!我帮你投的简历!"陈宝言兴奋地跳起来,"啊,这家公司超棒的!"

"麻烦你不要学港台腔好吗?而且,你干吗这么多管闲事啊!"

"你的卡里只剩下一千来块钱,真的不要紧吗?"

"你怎么知道?"我吃惊地看着陈宝言。

"取款后会发信息到手机上,你手机又刚好放在显眼的位置……"

"靠!"

这时,陈宝言刷着手机又叫起来:"啊,夏夏要回来了!"她把承康Ins上的照片推给我看,确实是回上海的机票。这时窗外的雨停了,陈宝言说:"怎么办,怎么办?"

"什么怎么办?"我确实搞不懂她,"别人和你没关系,你这么激动干什么?"

"我说我怎么办啊,你能不能不要赶我走啊!"

"到底是什么让你这么死皮赖脸的?"

"总之,你不能那么无情!"

雨停了,四周又开始潮热起来,蝉支支吾吾地叫嚷着,正巧天边挂着一道彩虹。

陈宝言说:"你还要点儿饭吗?"

"下次还是出去吃吧,如果,我面试成功的话。"

陈宝言突然像个孩子一样笑起来。

/ 6 /

三年前的那个夏天,也是下过这么一场雨,我请了陈宝言来参加我的生日会,我记得我看见了陈宝言手上拿的那个盒子,我一直以为那是送我的礼物,但是当我前女友拿出同样的盒子,并取出那把限量版的南京锁给我戴上时,陈宝言却只是笑着说忘了带礼物。

我虽然是个爱忘事的人,却一直记得这件事。虽然我有些糊涂,但是并不笨。

被喜欢的人不必道歉

我之所以会想起她来，完全是无意间在咖啡店听到了布兰妮的 *Everytime*。原本我已经有些忘了这首歌，如果没有记错，这首歌距离现在已经有十年了。而十年前，她是非常喜欢听这首歌的。

我说不出她的名字来，也想过换个名字来代替，但是实在找不到合适的名字，所以不如还是用"她"来指代吧。

想起她来，内心深处竟有些莫名的愧疚感。实际上，我和她并不是情侣，也不是非常重要的朋友，但是更不可能是陌生人。这种界定让我没办法给她归类，最后唯一找到的合适的归类，就是同班同学吧。

十年前，她还是一个喜欢留短发的女生。她中午会比大部分学生提早来一个小时左右，刚好我也是，不过我是来教室做作业，而她是来听歌。

当时我们隔着五张桌子的距离，我坐在第二排，她坐在第五排，当然不是因为根据身高安排的座位，而是成绩。她已经被老师叫到办公室骂过很多次了，不做作业，乱做作业，漏做作业，考试不及格，听写不过关等，甚至老师口中的她已经属于自暴自弃的类型了。

而那个夏天的午后,教室里就只有我们两个人安安静静地坐在那里,她戴着耳机看着卡带附赠的歌词本,突然走到我跟前说:"能不能问你个事?"她就这样懒洋洋地看着我,等待我的回答。可以说,她当时是带着一种差等生对优等生的防备心理过来的,如果我说我不想帮忙,她应该会立马离开。

"嗯,你说。"

她从手里拿出那本歌词本,指着"wings"问我:"这是什么?"

"翅膀。"

"哦,原来是这样,所以,'I fall without my wings'的意思就是,我没有翅膀所以掉下去了吗?"

我勉强点点头,按理说这样翻译其实有些生硬,不过确实也没有问题。

"没有翅膀就不要飞好了,那样就不会掉下去了。"

这是她当时的原话。

那个时候,她在我心中还是一个不学无术的女孩,按理说我并不会和她有太多交集,但或许是那一次无意间的帮忙,她开始喜欢在午后来问我一些问题。

"你觉得学习很有意思吗?"

"还好。"

"所以在好学生眼中,学习真的不是为了讨好老师和家长而装出来的?"

"不全是。"

"明明年龄差不多,为什么我在书本中就丝毫感觉不到开心呢？"

她自然不会看教材，一学期下来，书本上一个笔迹也没有，跟刚发下来的新书一样，而被她翻烂的是左晴雯写的《烈火青春》。

"展令扬很帅啊！"

"但那种虚拟的根本不存在的人有什么好崇拜的？"

"所以这就是书呆子不懂的地方了吧。"

有时候她还会在午后和我说教，但依旧只有我们两个人。那时候因为夏休时间长，基本上大部分人都会午睡到两点半才从家里出发，到三点上课铃敲响时，才有人慢悠悠地走进来。而我和她，基本上一点半就会坐在教室里，整整一个半小时的时间，她都在听音乐、看小说。

"你完全可以在家里躺在床上享受，干吗那么早到教室来？"

"那你呢？你不也是吗？为什么非要到教室来做作业？明明可以带回家写啊！"

"这……"

"所以，自己都找不到原因的事情就不要问别人了。"

到底我们还是没有成为朋友，至少在我单方面看来，不可行。价值观和人生观完全不同，我根本不能认可她的做法，也时常教育她应该把注意力放到课本上来，但是她却完全充耳不闻，说："你这种好学生的架子能不能放低一些？根本不是所有人都觉得你的人生是正确的啊。至少，我就是不认可的人之一。"

我唯一觉得她好的地方是，她问单词的时候，可能是因为迫切地想学某首歌，所以一定要把歌词弄清楚，不然没有办法唱出声来。

"你每天听的那个是什么?"

"布兰妮的 Everytime,怎么了?"

"只是好奇。"

"我以为你想听。"

"完全没有这个打算。"其实是骗人的,我之所以问起,是真的产生了兴趣。兴许她来问歌词大意的时候,我就已经被那个歌词本上花花绿绿的图片吸引了,甚至也想听听这首歌到底怎么唱的。

直到夏天快要结束的某个中午,她突然蒙着头哭起来。起初只是小声地抽噎,到后来完全放开声哭。

"你为什么哭?"

"关你屁事!"

"好吧。"

"喂,不许告诉别人!听到没?"

"知道了。"

我嘴上不说,心里却嘀咕着,不知道这个家伙到底是哪根筋不对,平时即使被老师骂得狗血喷头,脸都不会红一下的人,怎么会突然哭起来。

后来,我和班上另一个成绩好的女生走得很近,近到了要交往的程度,也是从那个时候的某天开始,我走进教室发现她不在座位上了,而后,她就再也没有在午间出现过。

有一天我去上厕所,抬头突然看见她站在三楼的栏杆边上,背对着天,在听歌,我绕道走上去,她似乎有些不高兴看见我。

"你怎么不在教室听歌了?"

"关你什么事啊?"

"好吧。"

我转身准备走,她却突然叫住了我:"喂,我问你个事儿,你老实回答我。"

"你说。"

"我是不是一个无可救药的人?"

"这……"

"是还是不是,你得说实话。"

"……不是。"

"为什么?"她直直地看着我,似乎很想知道答案。

"每次你过来问单词的时候,就让我觉得你还是很有求知欲的。按理说,这样的人不会差到哪里去。"

"你真的这样认为?"

"实话实说。"

"你想不想听一听这首歌?"

那天我没有拒绝。当时我们俩站在三楼教室外的走廊上,背对着阳光。她塞了一只耳塞给我,我第一次听到那首歌,好像突然理解了她那些午后痴迷音乐的原因。

夏天结束之后,恢复到冬季作息时间。大家午间都变得仓促,于是也没有了那么空闲的午后时光,我再也没有和她单独在教室里。她依旧像过去那样,执着地做自己的事情,不管别人的看法。冬天过去之后,我们就要毕业了。毕业前,她突然找到我,把那盒卡带递给我,说:"送给你。"

"怎么?"

"我学会唱了,然后,要毕业了,当作纪念吧,我也穷得没有别的可以送。"

"这么伤感吗?"为了缓和气氛,我说了句玩笑话。

"或许吧,我想你应该也喜欢,况且我没什么别的东西可以送。"

"谢谢。"

"分开前,能最后问你一个问题吗?"

"你说。"

"如果,当然,我是说如果,如果我这样的女生向你表白,你会接受吗?"

她故意把"我这样的"四个字强调了一下,我迟疑了半天,她却先开了口:"好了,我知道了。"

"对不起。"

"为什么说对不起?"

"要说真的能答应,那是违心的话。但是也并不是因为成绩而有所歧视,只是,在感觉上,我觉得没办法答应。"

"噢,这个理由我倒是很满意。不过,我想说,你看上的那个谁其实真的不行!但是,无所谓了。"她说着给了我一个大大的拥抱,她又好像意识到了什么,"那个……你等等。"她从我手里又夺过那盒卡带,用原子笔在里面的内封上写了几个字,然后合好盖子递给我。

"那么,毕业之后,再见了。"

我并没有当场打开那盒卡带,而是带回家后才看的。当我看到那句"被喜欢的人不必道歉,即使我们拥有不同的人生"时,心里却是深深一怔。

事实也确实如此。我依旧按照我的人生轨迹在努力向前，而她则选择了任性的方式继续留在少女时期。后来她消失在了我的世界中，我也从她的视野里离开。我依旧很难定义我们的关系，似乎因为那盒已经快要消磁的卡带，更难以说明白我们之间的事。

　　后来我爱过的人，最后也离开了我，在说"对不起"的那瞬间，我好像特别能明白她当时的心情。

可耻的单身大多时候是对自己最诚实的交代

/ 1 /

亮亮是个丢三落四的家伙,年纪轻轻就得了健忘症,想想真是可怜。所以当他打电话给我,说出差必需的重要文件不知落在房间哪个角落忘带走时,作为他最热心的室友,我不得不帮忙。其实那份文件根本不在他房间,而是在厕所,至于为什么在厕所,我还没有想出答案来。我以最快的速度开摩托车给他送到火车站,他急急忙忙地抓着我的手,差点儿哭出来。作为刚刚毕业一年的职场新人的他,其实还是很努力的,我拍拍他肩膀说:"加油。"看着他匆匆进闸上了火车。事实上他真的很马虎,所以十分钟后他打电话告诉我,我带过来的文件并不是他要的那一份时,已经晚了。他甚至没有当场检查一下就离开了,现在我是爱莫能助了,唯有向上帝祈祷他不要被领导骂得太惨,以致被炒鱿鱼。

亮亮是夏天的时候搬进来的,七月是应届生求职的高峰期,上海房屋一度紧缺,他被中介糊弄找到了我租的这栋房屋。这是一栋20世纪70年代的老公房,夜里还会有咯咯磨牙的老鼠,下水道总是堵塞，角落里蛰伏着我们可能根本抓不住的蟑螂。中介告诉他这个房间物美价廉，其实，这根本就是狗屁。世纪大道附近没什么物美价廉的房子，整个上海都没有。两居室，实则是一室一厅改后的住房。房东终于把空余的房间脱手了，当天晚上一定是叫了一帮朋友胡吃海喝去了。

我看着那个可怜虫拖着大行李箱进来的时候，和他打了个招呼。我只比他大五岁，按理说，我们已经不能被称为同龄人了，但至少都还归属在年轻人的范畴。他真算得上一个糟糕的年轻人了，一个星期之后，他的房间简直无法踏入，吃完饭的时候我问他有没有女朋友，他摇摇头，说："刚刚工作，根本没钱交女朋友。"在他口中，"交女朋友"和"买奢侈品"好像一样。我纠正他："女朋友不是商品，不一定非要有钱才能交。"抱歉，我是一位唯爱主义者，我觉得爱比钱重要。亮亮看了我一眼，表示他还小，还不懂什么是爱，只是知道爱的关键在于钱。我想我们之间这五岁的代沟已经重塑了两个人的爱情观，于是我不置可否，继续吃饭。

其实，我没有任何看不起他的意思，我只是觉得，如果他有一个女朋友，也许房间就不会像现在这样乱，仅此而已。

/ 2 /

而事实上我自己也没有好到哪里去。今年我已经快三十了，但是依旧是个单身汉，但我没有亮亮那样粗糙的生活。我的房间一尘不染，整齐得好像样品间一样，这都归结于我的强迫症，必须让所有事物变得统一而整洁。因为没有依赖，所以只能依赖自己。而三十岁的我，基本已经没办法再说交个女朋友这种话了，如果说出口，同事会笑话你，羞耻心油然而生。三十岁的人，周围都巴不得你第二天就结婚，因为你已经过了适婚年龄了。我现在照镜子依旧觉得自己只有二十来岁。年龄这个东西在过了某个阶段之后，我认为并不重要了，好像生日也提不起什么兴趣，日子照常在继续。直到头发开始频繁掉落，眼角出现了鱼尾纹，皮肤开始松弛，人们才真的担心起来。可这些，我都没有。我一直提醒自己只有二十九岁而已，这是事实。

有一天亮亮冲进我的房间，把他的电脑给我看。他惊讶地叫道："天哪，你怎么会出现在征婚网上！"我瞠目结舌地看着那张照片，确实是我，名字、性别、年龄、生日、星座、血型、爱好种种都没有错。但这并不是我干的，我第一时间想到的元凶就是我妈，除了她，我找不到第二个人干这样无聊的事情。

"妈，我仔细思考过了，我觉得我还没有到没人要的地步。"

"征婚并不代表你没人要，而是让更多的人来要你。"

"但我最终也只能要一个人。"

"但你也有了很多的选择。"

"选择多了并不是好事。"

"但没选择是更差的事。"

我和我妈的对话在撤掉征婚信息与不撤掉之间徘徊了将近一个小时，最后我说："我只想找一个我喜欢的人一起生活。"

"我知道，这句话你已经说过很多年了。但关键是，你已经过了恋爱的年龄了。"

鼠标在界面上滑动，界面显示我年龄二十九，配偶学历要求至少本科，本人雅思八分，当然没有要去国外的意思，月薪五位数，老家有两套房，找一个称职的媳妇儿，不要一个不靠谱的恋人。这是我妈对我的全部描述，表面看起来高大上，实则根本含糊不清，难怪她是语文老师，太擅长语言艺术了。

/ 3 /

我和亮亮喝啤酒，亮亮说："成年人的世界真可怕。"

我说："对啊，不过你也会有这么一天的。"

亮亮闷闷不乐地咬着卤猪尾巴，看着我说："光哥，你条件这么好，不应该单身啊。"

我抿了一口酒，说："对啊，我条件这么好，我也觉得不应该单身啊。"然后我呵呵笑起来，接着说："之前也谈过几次恋爱，每一次都觉得对方就是自己认定的那个了，以为我们会天长地久，会海枯石烂，但是也抵不过意外。计划赶不上变化，不是对方变心了，就是自己变心了。我总觉得爱情是神圣的，稍微有一些杂质了，就没办法爱下去了。伤过别人的心，也被别人伤过，爱情嘛，就是你插我一刀，我还你一刀，血淋淋了，再笑话自己是个傻子。"

亮亮撇着嘴，说："你这种理论真是简单粗暴。"

而没多久，亮亮恋爱了，周杰伦早就唱过了，"爱情来得太快就像龙卷风"一点儿也没错。有一天，亮亮带着女朋友请我吃了顿澳门豆捞，其实我对这样的食物无感，但我还是去了，主要是替他开心开心，顺道见见这女朋友。那个叫苏苏的小女生是他同一批进公司的同事，性格开朗，也懂得为人处世，点菜心里特别有数，也知道迎合别人的话题。这样比起来，亮亮就真的成了小孩子，好几个话题都是我和苏苏在那里穷开心，亮亮却埋头一个劲地吃东西。末了，亮亮回家和我说："还好有光哥在，要不然，我和她可尴尬了。"

"尴尬？"

"对啊，因为其实我们经常聊不到一块儿去，话题总是南辕北辙，我说我的游戏，她说她的八卦，最后只是牵着小手走一段我们不怎么走的路，看看夜景就各自回家。还有一次，我请她吃饭，我只是在饭前讲同事告诉我的一个烂俗笑话，结果她一点儿都没笑。她点的菜大部分是我爱吃的，但是她却没怎么动筷子，好像总不是那么回事儿。"

"那你为什么要追她呢？"

"整个公司年轻人本来就不多，好看的女生就更是少了。大家都催促着我谈恋爱，正巧苏苏也单身，我又转正了，所以经济压力小了很多，就谈谈试试看了。"

"那你喜欢她吗？"

"什么叫喜欢？看着开心不就叫喜欢吗？看着她我挺开心的。"

什么是喜欢，当亮亮提出来时，我自己其实也没办法明确它的定义。曾经我以为的喜欢是占有，是被你喜欢了的人就只能属于你一个人，她不能和其他男生太亲近，也不能不在乎你的感受，不能像朋友一样相处，而是要更亲密，且只能与你一个人亲密相处；再后来，我以为喜欢是有个人可以在背后默默支持你，你去图书馆她也去，你去听讲座她也去，你说你有宏图大志，她会花大把时间帮你打听相关的细节，你说你想要放下一切去旅行，第二天她就帮你准备好了行囊；而现在，我倒觉得喜欢变得简单起来：她尊重你所爱好的，你保留她所拥有的，那就够了。

随着时间的流逝，我对"喜欢"这两个字的含义越来越有了不同的看法。几次恋爱之后，跟跑过几场马拉松没有什么区别。除了没死，基本已经筋疲力尽。好像投入的东西太多，根本要不回来了，爱得太用力，死得也很惨。

和我年龄差不多的同事单身汉不是在相亲，就是在相亲的途中，好像全世界都在等待他找到一个女人。而他们总是在喝醉酒后和我说："阿光，要是你一直带着'要找一个我爱的人'的思想，你这辈子可能要孤独大半生了。"

夜里苏苏会打电话过来，亮亮会有的没的说两句，然后进卫生间洗澡，玩会儿电脑，睡觉。

从他身上，我好像能看到自己刚刚入职之后不久的状态。那时候也有一个女生和自己交往，周末会一块儿去看电影，陪她买衣服，然后吃饭，有时候去游乐场，但大部分时间两个人会窝在家里看电影，主要看恐怖片，夏天吃西瓜，冬天吃薯片，沙发被我蹭得快脱漆了；后来那个女朋友，没有那么喜欢宅，于是我们见面的地方往往是在公园，有时候参加她喜欢的文艺活动，有时也会参加作者签名售书什么的，刷豆瓣，然后过着极其丰富的人生；再然后，遇到一个很喜欢拍照的女生，她记录了我们在一起一百多天的生活。很多时候想想，这些女孩子，或多或少都很像，甚至有时候我有点儿混淆她们和我经历的事情。

我想我们还是爱过对方的，比喜欢要深沉一些，但是终归不算真正的爱，不然事后想来，云淡风轻；当然，也根本谈不上恨，偶尔过节还会发发信息调侃一下。那么分开，也是命中注定的结果。

/ 4 /

有一天苏苏来找亮亮，那天亮亮并不在家，于是我让她进来坐着等会儿。苏苏很有礼貌地点头，然后走到亮亮的床边坐下。我在厨房烧水，听见她叫我，她手机没电了，想充电，但是没看见插头，我弯下腰去帮她找，她就在背后笑起来。这个时候显得有些尴尬，或者说原本孤男寡女共处一室就有些尴尬。我帮她插好手机后起身，她说："你其实是个有趣的人。"我呵呵一阵笑，说："是吗？"苏苏点头道："是的，比张亮有趣，他实在……太闷了。"

苏苏说："你喜欢看谁的书？"

我说："马尔克斯和斯蒂芬金。"

苏苏说："好深沉，我以为你会喜欢村上春树这样有趣一点儿的人。"

我说："村上春树并没那么有趣啊，相反，斯蒂芬金会有趣一点儿吧。"

苏苏耸耸肩，说："也挺好，至少你是一个会看书的人。要是我和张亮说起这些，他一定会说，什么西红柿之类的。"

"西红柿？"我表示不解。

苏苏说："就是网上很红的那种小说啊，其实我也忘记叫什么名字了，总之是很多男生追捧的那种。"

后来我们又聊了些什么，好像天气有些热，苏苏叫我开一开空调，所以关了门。我坐在地上，苏苏离我很近，那样的气氛并不是太好，我感觉浑身不舒服，苏苏直愣愣地看着我，她的眼神告诉我，总该要发生点儿什么。

这时，她说："其实我没那么喜欢张亮，我觉得他也是，但是我们还是在一起了。我结束上一段恋爱到现在有一年多了，虽然自己不觉得，但身边的人都说你得再谈一个了，单身总归不是办法。那天张亮在茶水间碰到我，我们简单聊了两句，其实刚认识也不过一两个月，但回头他发信息问我有没有男朋友时，我觉得可以试试了。"

我保持着佛祖一样的笑容，听她继续说："但是恋爱之后，我发现和他谈恋爱比单身更可怕，我们很难在同一个频道聊天，也很难找到共同喜欢的东西。有一次，我在这里过夜。完事之后，我们居然很伤感，彼此背对着睡觉，没有说话。我听着他的鼾声，却根本睡不着。"

她起身走了两步，接着说："就说这个房间，我不止一次帮他打扫过，但是过两天来又乱了，而且乱得一塌糊涂。想到这里，心情就很糟糕。"

我起身绕过她，我说我还有点儿事情得做。她的表情中带着些失望，当然也是情理之中。我开了门，再次对她笑了笑，我得逃离那个屋子，那是必须的事，否则后果不堪设想。屋外潮热的空气和室内形成巨大的反差，但这反而让我觉得自在。这时有开门的声音，我不禁震了一下，亮亮走进来，看我愣在那里，有那么两秒钟，我竟然说不出一句话来。亮亮笑道："怎么了？"我指了指他屋子，他顿了顿，若有所悟地点了点头，然后我便进屋了。

他们应该是发生了非常激烈的争吵,而后平静了下来。他们在房里做了什么,我也不知道。我打开电脑,放了一首安静的音乐,没有开空调。窗外的蝉鸣混淆着夏天独有的气息,我觉得很惬意,就是这样的夏日午后,一个人。

/ 5 /

苏苏很长时间没有再来过,亮亮也没有提及过苏苏的名字。他还是像往常一样上下班,回来之后窝在房里玩游戏,我叫了外卖过来,他就出来吃饭,然后我们像以前一样聊天,说说工作,说说家里人,吐槽工作,再调侃调侃同事,而我们的话题中很少再有"女朋友"这个词。

没多久,亮亮说他家里人发来一些照片给他,但是那些照片看起来都好假,不是说虚假,而是和真人完全不一样的感觉。用几张照片就来确定喜欢的人,听起来是不是很荒唐?

那是亮亮二十五岁的生日,他叫了几个朋友到家里来喝酒,我们站在阳台上,像神经病一样回味起青春来。其中有两个刚结婚不久,很早就接到老婆电话说要回家了,最后就剩下我,亮亮,还有一个叫阿寿的男生。阿寿说他上周在他女朋友的手机里看到别的男人发来的信息,所以他们分手了。但是他还是很爱她的,在一起两年了,哪能那么容易放下?说到动情处就猛喝酒,最后吐得一塌糊涂。

我和亮亮坐在地板上,阿寿已经窝在沙发上睡着了。

亮亮说:"光哥,干杯!"

我说:"干杯。今天看着一群人,好像回到了大学那会儿,当时寝室兄弟在一起,最喜欢唱的就是《单身情歌》了,那时候我们也不知道歌词讲的什么,就觉得特别带劲,现在再唱,好像就显得苦涩了。"

亮亮说:"你还年轻呢,还有大把女人等着你。"

我又开了一罐酒,和亮亮碰了杯,说:"我怕我等不了了,下个月,我也要三十岁了。我总是和自己说,时间慢一点儿啊,慢一点儿,但是根本慢不下来,有时候洗澡的时候照镜子,发现肚子越来越大,身体也大不如从前了,根本没办法熬夜。总的来说,我好像不能再称呼自己小伙子了,但还是单身啊,单身啊。身边的人都说,你得找个女人结婚啊,不能再单着了,但是,就是不想对自己那么不负责,要是合适了肯定会找的。可是,别人哪里管你合适不合适呢?只管你结了还是没结。就说这些年吧,等了这么久了,再等,别人就觉得你有问题了,你也没办法再任性了。想想,真是混蛋啊!"

当我说完这些话的时候,亮亮已经趴在地板上睡着了。我起身走向阳台,看着此刻满城星光,我像多年前那个顽皮的小子一样,把啤酒罐朝远处用力扔去。我只想听罐子落地的声音,探着身子往外仔细听听,但是夜好像还是那么静,除了几声狗吠,什么也没有了。

我在想你的时候睡着了

阿慧比约定的时间晚到了半个小时,没想到对方还在。他站在桂花树旁边,低着头玩着手机,他发信息告诉阿慧他今天穿的是黄白相间的运动衫,藏青色牛仔裤,白色运动鞋,所以阿慧一眼就能看到他。刚要走近,对方抬头,两个人都愣在了那里。

"阿慧?"

"柏青?"

两个人坐在咖啡店,各持一杯咖啡,还没有完全缓解刚才的尴尬。

柏青说:"想不到是你。"

阿慧低着头搅咖啡:"是啊。"

原本都是不想相亲的人,实在推不过家里人的安排,便答应了。只是没想到,在不了解情况下居然遇见了熟人。

"这么多年你都没变嘛,还是那么害羞。"柏青笑笑道。

"对啊,所以才没人要嘛。"阿慧自嘲道。

"是你要求高吧,听我妈说,你现在是老师,工作稳定,家里房子也有,怎么会找不到对象呢?倒是像我这样,吊儿郎当才是没人看得上。"柏青稍稍收敛了些笑，说起来竟有了几分伤感。

柏青和阿慧是高中同学，算起来相识也有十来年了。高中毕业之后，柏青就去了北京，也是听同学朋友说，他在那边念书，后来找到机会交换去了美国，再回来，就在北京自己开了公司，原本都顺风顺水的，却不料有个员工意外从公司楼上摔了下去，这一摔，公司赔了不少钱，之后便走起霉运来，一直处于负盈利状态，最后破了产，柏青还欠了一屁股的债。

"用现在年轻人的话来说，你当时可是很多女生心中的男神呢。"

柏青顺道戏谑道："也是你的吗？"

阿慧一下不说话了，脸又红了起来，柏青哈哈大笑。

高一那年，柏青是物理课代表，阿慧物理最差，每次都被老师点名作业错误率最高，于是让柏青放学之后辅导辅导。柏青是个马大哈，根本不懂女孩子细腻的心，三言两语讲个大概，就自己跑出去打篮球了，留下阿慧一个人在教室苦心摸索。班上很多女生都跑去看柏青打篮球，但阿慧一次也没看过，因为在柏青打篮球的时候，她总是被别的事情耽搁，好不容易有堂体育课，阿慧还要被老师叫到办公室补课。其实，阿慧真的很想看一次柏青打球，因为他说得没错，那时候她真的挺喜欢他的。

他个子高，成绩好，长得也不错，是大众眼中的理想男友，自然也少不了阿慧。只是三年过去了，阿慧也没有和柏青说过几句话，甚至在柏青眼中，她只是个差等生，就跟尘埃一样。

柏青和阿慧从咖啡店里出来，柏青拿出两张电影票，说："去看吧？我刚刚等你的时候买的，想着总得找点儿事情做。"阿慧点点头。

三十一岁的柏青已经有些微微发胖，笑的时候也掩饰不住眼角的鱼尾纹，走起路来变得大大咧咧，说话总是不经意爆粗口，有了小肚子，胡茬也没有修理干净。而这一切，都和十七岁时候的少年相去甚远，但阿慧也不知道为什么，一眼就认出了对方，就像对方一眼就认出了自己一样。

高中毕业之后，她就再也没有见过柏青了，但是想方设法加了他的QQ，也找到了他校内网的主页，有时间就会趴在电脑边观察他的状态，想着他一定会变成很厉害的人。

他的相册里出现过很多女孩子，大多都比较漂亮。阿慧甚至还知道，他和一个美国女孩谈过两年的恋爱，那段时间，他写日志都用英文，下面一群骂他"装"的留言。但阿慧却专门花时间把那些日志都翻译了一遍，认认真真地读过其中的内容。他很爱她，如果有可能，他们应该在密西西比州举行婚礼，然后开始一段让人欣羡的人生。

可是两年后，他们分手了，从柏青的文章中可以看出，是对方甩了他。他悲伤的情绪蔓延到了阿慧身上，那天夜里阿慧竟然失眠了。半夜她起床开电脑，匿名给柏青留了言，洋洋洒洒写了一封信，内容大概是鼓励他，人生除了爱情还有朋友，悲伤的时候可以换个环境。当时因为时差的关系，正巧柏青在线，看了那封信后，他回了一个表情三个字：谢谢你。

而后柏青关掉了网站，也很长时间没有出现在QQ上过。有一天，阿慧发了一条心情，她说："你的好友里，或许有一些人并不常常和你说话，但是她在看着你，你的一举一动，一言一行。"当时很多人给这句话留言,都猜测阿慧喜欢上某个男生了,不过阿慧不说,也没有解释。

柏青买的电影是战争片,说实话,这样的题材阿慧并不是那么感兴趣。但没想到的是,柏青去柜台退了票,换了一部爱情文艺片。阿慧问:"怎么了?"柏青说:"原本我以为会和一个讨厌的女人相亲,准备做做样子,请她看一部打瞌睡的片子,就此结束约会。但是没有想到是你,那就没必要看那么无聊的片子了。爱情片,你应该喜欢吧。"

阿慧心里突然有些感动,轻轻地点了点头。柏青笑道:"我就说,如果你不喜欢,那就真的嫁不出去了,连女生最基本的属性都没有了。"阿慧撇着嘴,柏青顺势摸了下她的头,说:"你真的跟高中时候一样傻气啊,那时候给你讲物理题,你不懂,就是这个表情。"

阿慧没想到的是他还记得。

大三那年,阿慧交了第一个男朋友,是大自己一级的学长,物理系的学霸。阿慧也不知道为什么自己就和物理这么有缘。在交往的过程中,阿慧常常从他身上看到柏青的影子,或者说,刻意去寻找柏青的影子,但毕竟不是同一个人,很快阿慧就发现了问题。当她回头去看这段感情时,自己真的傻得可笑。对方觉得交往了一段时间,在外住宿是很正常的事情,阿慧却害怕地躲起来。对方问她到底有没有把自己当男朋友。阿慧挂了他电话,再也没有理过他。后来年级中就传出阿慧生理上有问题的谣言,整整一学期,阿慧都躲在图书馆不想出去见人。

那个时候,她唯一的慰藉,就是夜里给柏青的QQ留言,她总是在十点的时候发一句晚安,夜夜如此,但是柏青从来没有回过。一年后的某天,也就是阿慧快要毕业的时候,QQ突然有了回信,三个字:你是谁?

阿慧在想,要怎么说呢?谁料对方却说:"我怎么第一天申请号码就有你这个好友在上面?"

原来号码早就被收回,所以根本没有人看见那接近400条的晚安。

一年之后,柏青回国,离开了伤心地美国,在北京重新开始。那一年,柏青开公司的消息传遍了他们曾经住的小镇,阿慧从很多人口中听说这个消息,却感到有些悲伤,因为自己关注了柏青这么久,却是从别人口中听到他的近况。

整个电影厅暗下来,周围只有吃爆米花的细微声音,故事中的男女主角在北京相遇,柏青靠近阿慧压低声音说:"这些地方我都去过,想想,却像是上辈子的事情了。"

阿慧看着柏青,情深之处,灯光落在柏青脸上,竟然看见微微的泪光。

柏青回国的那年,阿慧正好毕业找工作,最后终于通过考试留在了公立学校做老师。阿慧教的是英语,有时候也会有顽皮的学生拿着物理题来问她,她除了一脸尴尬,还真的会把题目接下来,认真去做,等到还给学生时学生才说:"老师,我和你开玩笑的,其实,我早就做出来了。不过,你连物理都会,好厉害!"

阿慧想,我哪里会呢?不过是想着不要丢面子,再一想,物理这东西,有的是情怀。

其间他们举办同学会,柏青从来没有参加过,当然,也有其他来不了的人。可是阿慧总是每次都去,因为她失去了柏青的联系方式,所以只有从别人口中听说他的故事。听说他又开了分公司,又做了大生意,立马就要成为新一代富豪了。

而真正的情况并不是那样。柏青创业前期比想象中要难得多,因为离开北京多年,回来人脉已散,一切都是从零开始,好在有几个靠得住的伙伴,才撑下来。

而工作后这些年,父母却一直担心阿慧的婚事,总是催了又催,弄得阿慧很不开心。阿慧一直说刚刚工作,想以事业为重。可这送走一批学生就是三年,三年又三年,转眼就三十了,另一半却还没有着落。

电影进行到了末尾,阿慧已经哭得不成人形。女主角最后因为意外死掉了,情节虽然很老套,但是她还是忍不住哭。柏青给她递了一张纸巾,说:"世事无常,曾经我有个很喜欢的人也是突然就消失了。"

阿慧以为他说的是那个美国的女友,而事实上,却不是。

"我在北京最艰难的时候,是她陪着我。最开始公司几次出现财务问题,她都想方设法帮我解决。我们从地下室住到公寓,到最后在北京买房子。原本应该要结婚了,可是,那天她去新装修的公司看进度,靠在阳台的栏杆上给我打电话,那栋楼明明是新楼,不知道为什么栏杆会突然松掉……"

这时,曲终人散,只留下阿慧和柏青。柏青抹了抹眼泪,说:"真是傻瓜电影,现实中哪有那么多意外啊!"他起身准备走,却看见阿慧还坐在那里。阿慧说:"我听他们说坠楼的是员工,却没有人告诉我,那是你女朋友。"柏青说:"那不都是过去的事情了吗?"

回去的路上,阿慧说想坐公交,柏青说陪她一起。阿慧坐在柏青旁边。

柏青说:"上高中那会儿,我们也是坐13路车回家的,那时候还是绿皮的椅子,坐着屁股痛。"

阿慧笑着说:"都是在大城市待过的人,还说屁股屁股的,不害臊。"

柏青咧嘴笑:"大城市的人就没有屁股了吗?"

公交慢悠悠地开着,柏青突然问:"以前我打篮球,就你一个人没来加油。"

"你怎么知道?"

"那时候就想啊,这丫头真够笨的,等我打完球了,还没做完物理题。再后来一想,不对啊,就一道题,哪有那么慢?可能你根本就不喜欢看篮球。"

"或许吧。"

"我当时就想,这丫头真是够轴的啊,这么多年来,一次也没来过。"

"我去过一次。"

"什么时候?"

"那一次你受伤了,去了医务室,所以没有看到我。"

"哎,真是没缘分啊。"

"是啊。"

柏青伸了一个懒腰,说:"恍恍惚惚,就三十岁了,好像什么都做过了,却又好像什么都没有,真是失败啊!"

101

阿慧想起柏青公司倒闭的那一年，自己傻乎乎地买了一张去北京的机票，可是上了飞机才想，到哪里去找他呢？阿慧望着窗外的云，想着关于柏青的点点滴滴，不知不觉，就睡着了。

而此刻，从电影院到家的路，还有七站；如果算上马上要到的这一站，还有六站。柏青对阿慧说："睡一会儿吧，到了叫你，你家没搬吧？"阿慧说："没搬。"她望着窗外的阑珊灯火，想起有一次，柏青上公交坐在她旁边，自己面红心跳一直到下车。想着想着，阿慧真的有些困了。

她听着电子叫站的声音，耷拉着脑袋。这时，她隐约感觉到有一双略微粗糙的手牵住了自己，而昏昏欲睡的脑袋，不自觉地落在了对方的肩上。

Three

爱是长在我们心里的藤蔓

AI SHI
ZHANG ZAI
WOMEN XINLI DE
TENGWAN

Different from others

致我那正面强攻的精神生活

/ 1 /

我和玛丽都是无所事事的人,我们之所以会变成这样,归根到底还是年轻人太任性,原本我们都有一份月薪过万的工作,但是却在一个月前不约而同地交了辞职信,玛丽跳槽去了一家国企,给一群中年人打杂,而我在家画我的漫画,卖给一些三流杂志。事实上,我和玛丽真的不用愁什么,我表哥把杨浦的房子留给了我,自己跑到英国不准备回来了,而玛丽住在我家,也不用担忧房租,除了每天上班要坐一个小时左右的地铁,其余真的没有什么烦恼。

有一天,我睡到中午才起床,发现玛丽在客厅做瑜伽。我从她身边穿过时,大脑立马反应过来,当天是周三,不是周末。我跑到玛丽面前的时候,她正在尝试把她的大腿扳到跟身子平行,我大叫了一声:"今天你怎么旷工?!"玛丽吃力地继续扳着大腿,以牙缝吐出的气息跟我说:"今天所有人都去参加重阳节的活动去了,我实在是,没——有——资——格……"话还没说完,她就把自己扳倒在地上了。

因为太过无聊,所以我们开始怀疑人生。我们坐在楼顶的天台上晒太阳,那天上海的风很大,大到鼓起的被单似乎可以变成帆船带我们去别的地方。玛丽说:"真的太无聊了,这种感觉就和'非典'那年一样,学校放了你四个月的假,但实际上除了等死,你根本不知道能做什么。"

我说:"早知道就不辞掉那份工作了,九月的时候还有一笔奖金可以拿。"

谁知道玛丽不合时宜地点醒了我,说:"不不不,你没有奖金可以拿,你的业绩实在太差了,我倒是可以拿不少。"

我背过身去不想说话,玛丽的腿搭到我身上来。她说:"我想过了,其实这些年我们赚的钱真的不少,光是去旅行应该也用不完。"

我点点头,说:"是的,因为我们之前真的是当牛做马,基本每天忙到半夜,所以工资很高,又不用付房租,攒了一大笔钱。可是,不去旅行又能做什么呢?"

玛丽坐起身来,说:"不如我们去整容吧!"

我也坐起身来,说:"是个好主意!"转念一想:"整成什么样呢?"

玛丽指着她的鼻子说:"我这里得再高一点儿。还有眼睛,要开眼角,不然太像老鼠了。还有下巴,要跟明星一样尖!"

我想了想,问玛丽:"你是不是迫害了什么人要畏罪潜逃,还是你傍上了什么大款要改头换面?"

玛丽说:"不不不,我只是觉得结婚之前该做的事情好像都做过了,除了整容还没有尝试过。"

我看着她笑了笑,说:"不,你还没尝试过变性!"

玛丽踢了我一脚，结果我躲过去，她踢到了椅子上，痛了一下午。

/ 2 /

事实上我和玛丽都没有去整容，一方面她担心上海的水平太差，去韩国又语言不通；另一方面是因为我遇到了程警官。算起来我应该有些年没见过他了，那天我在咖啡馆里画草图，突然看见对面座椅上的男人在看我。我竟然也觉得那个人有些熟悉，只是我没有从大脑里搜索出这张脸来，他却走了过来，坐在我面前，说："你是付蓉？"我还没有回过神来，他又道："我是程浩啊！"

程浩，哦，程浩……那个以前住我们家隔壁的程浩，那个念完高中就去念警校的程浩，那个差点儿死在追歹徒途中的程浩。我张大嘴巴若有所悟地点点头，"对，你是程浩！"

程浩笑道："好久不见了，你真的越来越漂亮了！"

我打包票，百分之八九十的女生在听到这句话之后会扬扬得意地飘起来，然后在几分钟后立马判断出这是对方恭维的话。

"开玩笑吧！"我哈哈大笑起来。

程浩表情有些紧张，我注意到他那粗重的眉毛，还是和过去一样有趣，他很认真地说："我没开玩笑，你真的越来越漂亮了。我记得你以前很黑，但是现在完全跟萝卜一样白；以前你是单眼皮，但是现在好像变成双眼皮；还有你的牙，以前我记得你戴着牙套……"

有时候我真的很烦有一个人能够那么清楚地记得你的过去，好像那些劣迹斑斑的往事又重新浮现。我没好气地赔了笑，准备收东西走人，而后，程浩竟然追出来说："你怎么了，我是不是说错话了？"我一把把他推开，然后找了出租车。程浩说："你等等。"于是他不知道从哪里掏出一支笔，拉着我的手写了个号码，说："有时间打给我，我们好好聊聊。"

在出租车上我一直想着程浩的话，我漂亮了吗，或许是的，自从我上了美术学院之后我感觉整个人的气质和之前完全不一样了，所以，我还需要整容吗？我对着手机自拍了一张照片，然后发到了朋友圈里。很快就有男生点了赞，于是我充分相信，我可以不用去整容了。

夜里吃饭的时候，我告诉玛丽我碰见了程浩，玛丽不屑一顾地说："程浩是谁？流鼻涕的二愣子吗？"我说："一个朋友。"其实玛丽可能根本不在乎我遇见了谁，何况还是一个她根本不认识的人。当洗碗的时候，我才意识到他的电话还在我的手上，只是没注意，最后一个数字被洗掉了。我想，既然洗掉了，索性就全洗掉吧。反正也没有什么联系的必要。

睡觉的时候，玛丽给了我几张照片，她说那是她妈最近给她介绍的相亲对象，最年轻的二十七，最老的四十，我大致看了一下，其实我觉得四十那个虽然老了一点儿，但是形象气质佳，没有什么不好，反倒是那个二十七的，跟奶油小生一样，让我想到了程浩。"哦，对，程浩已经是警官了，"有一次春节回家还听老妈专门说过，"人家已经混到这种程度了，你看看你，还是一副吊儿郎当的模样。"我妈说那会儿我正在前东家那里做设计总监，我并没有觉得自己哪里吊儿郎当，只是我妈一直觉得画画就是吊儿郎当的事。

我帮玛丽推荐了那个四十岁的男人后准备睡觉，这时手机不合时宜地响了，我觉得我应该挂掉。按掉之后又响了起来，玛丽正巧从我房门前路过，她慢慢走进来，看了看我手机，抢过去接了起来。

"蓉蓉睡了！"

我听到电话那里噼里啪啦说了一大堆，然后看着玛丽嫌弃的神情，她又道："你和我说没用啊，蓉蓉睡了！"

于是电话那头又说了一堆，最后玛丽只说了一句话："蓉蓉睡了！"

然后挂掉了。

电话没有再响，而我也一直没有睡着。

那通电话是马哲打过来的。用玛丽的话来说，他是我的追求者；用我的话来说，他自认为是我的追求者。因为我从他第一次表白的时候就告诉他，我们不可能在一起的。为什么呢，因为我很精神，我是指我的灵魂太高尚，太曲高和寡，太独树一帜，根本找不到配我的男人。我的原话就是这样，因为我喜欢的东西太特别了，很多时候我都会嫌弃这样低俗那样不堪。你能明白我一个人去KTV唱歌的心情吗，你能明白我一个人坐在电影院最后排看恐怖片的感受吗，你能明白我为什么坐在咖啡店里画画消耗一下午甚至不吃饭吗？如果这个时候有个人闯入我的生活，告诉我，我来陪你，那我一定会说："不好意思，你陪不起。"

对此玛丽狠狠地批评过我，因为我二十五年来竟然还没有谈过恋爱，她觉得是可耻的。当我告诉她其实我接过吻时，她为此笑了一个月。如果我没有记错，刚刚和玛丽分手的应该是她第七任男友。她老妈很急,原本已经商量好要结婚,结果玛丽反悔了,玛丽说她回头想想还是不能忍受那个男人一边吃饭一边抠脚丫子,所以她投降了,与其苦苦等待爱人,不如相亲吧。

但我不行。我是一个有感情洁癖的人,我需要一个很干净的爱人,不管是外形还是心理,他都不可以落入俗套。我们必须要三观一致,即使没有相同的爱好,也不能彼此干涉对方的生活,我是不喜欢有人陪伴的怪人。几乎所有恋人都要互相陪伴,但我不行,我一想到我无论去哪里都必须要有第二个人知道,就觉得是一件很恐怖的事情。如果我恰好在做一些并不那么想让人知道的事情,比如上厕所,那电话打来,我还要如实汇报吗,太糟糕了。

所以,我讨厌这种黏糊糊的关系。

我翻来覆去的时候,马哲发来一条信息,他说:"我不烦你了,但是你辞职的事情,至少告诉我一声,作为朋友,我都不知道,我很担心你。"

有什么好担心的,辞职而已,又不是自杀。

/ 3 /

我去取稿费那天决定叫上玛丽好好吃一顿,但是玛丽居然背叛了我,她带马哲来了。三个人坐在一张桌上实在尴尬,玛丽借口去洗手间,我便跟了过去,我狠狠地掐了玛丽一把,玛丽一把将我推进了厕所里。

"你带他来干吗?!"

"他打电话给我,我开会手机响个不停,他在电话那头儿求了我半个小时，说只想见你一面。你知道我没你那么狠心，想想见一面又不会掉块肉。"

"但是我一点儿也不想见他。"

"可我觉得他也没有什么不好啊，刚刚来的路上，我听他说他已经在徐汇买了房了，而且我记得他有一辆路虎还是宝马，总归不是便宜货，你可以考虑一下嘛。"

"低俗！你知道吗？有一次我去美术馆看画展，他硬要陪我去，结果，半路上我就找不着他了，他竟蹲在角落睡着了。这样的男人再好也没办法和我过日子的。"

"也许他慢慢就能融入你的精神世界了呢？何况，你也太绿茶了，哪有你这样的！"

"我懒得和你说！"

我们出去的时候，马哲正在发信息，见我们过来，他立马把手机收起来，正襟危坐。我咳嗽了下，说："这里不是听讲座，不用那么拘谨。"他才稍稍放松了些，玛丽叫了服务员过来点餐，问马哲吃什么，他说都可以。我就知道他是那种没有主见的男人。他对我笑笑，我只是白了他一眼，然后踢了踢玛丽的腿。玛丽立刻明白了什么，和马哲攀谈起来，问他最近工作怎么样啊，生活怎么样啊，马哲说都挺好的。玛丽接着说："哦，那你怎么还不找女朋友啊？"这下马哲瞠目结舌，不知道从何答起。他偷瞄了我一眼，然后低下头，说："我还有点儿事，这顿我请，我先走了。"

马哲走后，我终于可以酣畅淋漓地吃了，玛丽坐在我对面，又开始对我进行思想教育。她说："付蓉，你真的很作，作得有点儿过了，我觉得你这样一辈子都找不到男朋友。"

我只顾低头吃意大利面,没有听玛丽的话,玛丽只好叹了一口气,开始吃东西。

/ 4 /

周四下午,我准备去杂志社溜达一圈,谁知道回来的路上竟然遭贼了!我钱包不见了!里面的身份证银行卡全没了!当时我大脑一片空白,找了公用电话给玛丽打过去,玛丽说:"你现在给我打电话有什么用啊,打电话给银行锁卡啊,然后去派出所报警啊!"我噢噢噢了三声,然后冻结了我所有银行账户,再继续奔到派出所,我第一次去报案,发现报案居然还要排队!

这时有人叫我,声音很熟悉,回头一看,是程警官。

"付蓉?"

"啊,程……程浩,我钱包掉了,快快快,帮我想办法!"

"你先别急,你等下。"他走进办公室,过了一会儿出来,叫我去隔壁那间办公室录口供,我点点头,跑了进去。

整个录口供的过程很煎熬,还好有程浩一直陪在旁边,出门的时候,程浩说带我去附近的咖啡店坐坐,缓缓神。

"你真是太紧张了。"他笑着说。

"我第一次遇到这种事情,还好没有什么事,钱包里只有两三百块,刚刚谢谢你啊。"

"没事,应该的,我上次给你电话,你没打给我嘛。"

"哦,那个,因为我手机没电了,回去发现手上有汗,糊掉了,也没有办法。"我发现我说起谎来也是面不红心不跳的。

"没事，你电话多少，我现在打一个给你。"

"那个……"我实在不想说自己的电话，结果程浩说，"哦，没事，你刚刚录口供的时候说了，当时我记下了。"

我真是败给他了，不愧是做警察的。

程浩和我到陆家嘴附近走了走，他说："这些年你还好吧？结婚了吗？"

我摇摇头，说："没呢，我还年轻。"

程浩说："哈哈，也是，你比我小两岁，看着你还是跟小丫头一样。"

我对此很不服气，以前在公司别人都叫我蓉姐，在你面前怎么就成了小丫头？

程浩说："不过我也还单着呢。"

对此我倒有些意外，我记得我老妈说他前两年就结婚了，怎么会单着呢？

他接着说："我老婆出车祸死了。"

"啊！"我声音有些大，显得轻浮又没礼貌，"对不起哦，提起了你的伤心事。"

他伸了伸懒腰，说："没事，我已经看开了。"

不知道为什么，印象中的程浩和那天我见到的好像两个人。眼前的这个男人成熟稳重大方得体，言语之间都带着正气，和马哲完全不一样，而且我也不知道为什么，就那么轻率地答应了他和他一起吃晚饭。我安慰自己的理由是，他身世挺可怜，所以就当日行一善，做做好人吧。

程浩点了一份麻婆豆腐，那是我最爱吃的菜，他说："我记得你最爱吃这个。"我猛地点头，然后欢快地吃起来。他笑了笑，说："呃，你别噎着。"我第一次觉得，两个人吃饭，我指孤男寡女，似乎也没有我想象中那么难受。

程浩送我到我家楼下，我让他别上去了，他说已经记住地方了，我想真是中了他的圈套。

回家之后我躺在床上，玛丽突然跑进我的屋里来，她像狗一样嗅了嗅周围，然后笑呵呵地说："怎么有一股男人的味道？"我把她推到床上，说："你倒是给我形容形容什么是男人的味道？"

玛丽跳起来，指着我的鼻子说："老实交代，是不是因为有男人了，所以才拒绝马哲？"

我说："你真是想象力丰富。不管我有没有男人，和马哲都没有关系。"这时，我才发现马哲就站在门口！

天哪！我狠狠地掐了玛丽一把。马哲站在门口，表情有些失望，但依旧笑着说："不早了，我也要回去了，你们早点儿休息。"

我好想把玛丽五花大绑，质问清楚："你怎么让马哲来家里了？！"

玛丽说："我电脑坏了，我现在的生活圈子里，都是老男人，你要我找谁？"

"那你也至少通知我一声啊！"

"我通知啦，我给你打了电话也发了信息，但是你都没回我。"

这时我才发现我调成静音了，我瘫倒在床上，什么话也不想说。玛丽把我拉起来，又问了一遍："你是不是有男人了？"

我挣脱开，继续躺下，什么话也不想说，什么男人女人的。

/ 5 /

一周后,我在上海美术馆听大师讲座,结束之后准备去吃点儿东西,一看手机,竟然有三条信息,第一条是玛丽的,第二条还是玛丽的,第三条是马哲的,我直接删掉了。玛丽说她正在相亲,要是发第二条信息来,我就打电话救她。我想着,完了,立马打了电话过去,结果玛丽给我掐断了,我又打了一个,她又给我掐断了。我想着这姑娘是不是有什么危险,结果玛丽又发了信息过来,她说:"我不是叫你不要打扰我吗?"

原来她第二条信息是说,男人很正点,不要打了。而我没仔细看。

那天晚上回来,玛丽和我描述了她见到的那个男人,简直是她相亲以来最棒的一个,要身材有身材,要样貌有样貌,虽然他之前结过婚,但是一点儿也不影响,最主要的是他是一个警官,让人有安全感。当最后玛丽说出"程浩"的名字时,我被热开水呛到了。

"喂,你没事吧?"

"没事啊,有什么事!"

"吓死我了!"

那夜玛丽沉浸在她的欢乐之中,而我捏着手机,翻了两遍程浩的电话,最终也没有打过去。打过去说什么呢,好像也没什么好说的,说你今天相亲的对象是我室友哦,好巧哦,这样好像有点儿欲盖弥彰;但事实上,他们两个都是我的好朋友,我又在意什么呢?

这时手机嗡嗡叫起来,是程浩的信息!

程浩说:"偷你钱包的贼抓到了,你的钱包也找回来了,除了有两张卡废掉了,其他东西都还在。你明天有空来拿吧,如果没空我给你送过去。"

我说了一声"谢谢",然后就睡过去了。我确实忘了回他后面半句话。

一大清早,门铃就响了,玛丽蓬头垢面地从我房门路过,气急败坏地说:"谁啊?这么一大早!"我从被窝里看了玛丽一眼,心想不会是我快递到了吧,昨晚网购的,还没发货才对啊!这时竟然听见玛丽尖叫起来,我还没来得及起身,就听见玛丽那尖锐的声音:"程警官,你怎么来了?不,你怎么知道我家在这儿?"

/ 6 /

我以迅雷不及掩耳的速度奔向客厅,却看见玛丽拿着我的钱包含着复杂的眼神看着我。这时程浩竟然叫了我的名字,我还没来得及解释,玛丽扇了我一巴掌,于是这巴掌把我扇醒了,我发现天才刚刚亮。

好在是梦。我又在自己脸上掐了一把,确定疼痛之后,像幽魂一样起了床。玛丽还在床上摆大字,而门也是好好的没有打开。我坐在沙发上泡了一杯咖啡,茶几上还放着我没画完的漫画,我在想那个男主最后到底有没有跟那个女主表白,未果,赶紧跑进屋给程浩发了一条短信——不要来我家,谢谢!以确保他能看得到,我又打了个电话,而信号台告诉我,该用户暂时无法接通。我立马就紧张了,虽然是七点的样子,我却担心他已经在路上了。我进屋套了一件外套,三步并两步奔下了楼,然而除了晨练的大爷大妈,真的没有我熟悉的身影。

我就这样看着大爷和大妈晨练了一个小时，有那么一瞬间，我甚至有加入他们的冲动。然而程浩依旧没有来，我按号码又拨过去，还是无法接通，那着急的情绪像是在我心脏上面划动的小猫爪，痒得难受，我真想告诉程浩，我不想要那个钱包了。这时我开始原地小跑起来，为了让自己内心安静一点儿，必须找点儿别的事情做。突然听到玛丽在背后叫我，带着诧异的语气："天哪，付蓉，你是在梦游吗？怎么在这个点会出现在楼下？"我撒谎说："我饿了，饿醒了，所以想要吃点儿早餐。"玛丽表示不能理解，和我合租的这几年，我压根儿就没有吃早餐的习惯。我声称我意识到了早餐的重要性，某个朋友因为不吃早餐在前两天死掉了。她将信将疑地点点头，然后走了，迎着朝阳踏在她上班的康庄大道上。而我的心也终于平静了，我坐在那个扩胸的健身器材旁边，看着一个老大爷在用力地练胸肌。

而事后，我根本画不进去漫画，我突然有些期待那个钱包的到来，我是怎么了？在洗完一把冷水脸后，我依旧弄不清楚我是怎么了。我竟然没有忍住又给程浩打了一个电话，除了那熟悉的声音告诉我无法接通，只剩下房间里空荡荡的寂寞。

/ 7 /

那天程警官压根儿没有出现过，而他的电话也一直处于无法接通的状态，就这样，他失踪了。我没有考虑报警，因为我觉得我和他还不算太熟的朋友，如果其他人找不到他，估计该报警的已经报警了。我还是怀着他会回电的心情画不下去漫画，最终选择了无聊的综艺节目来度过悠长的下午时光。那天我手机只有一条信息进来，是马哲的问候，他说："我想通了，你不喜欢我，是因为我还不够好，我决定成为更好的人以后再来追求你。"后来我听玛丽说，他办了一张健身卡，年卡，还是三年的那种，我只感觉到太阳穴疼痛，却没有丝毫开心。再说回程警官，程警官最终还是联系我了，只是那个联系却是在三天之后，他带着虚弱的声音略带歉意地说："打开手机看到三条你的信息，还是挺开心的，我被歹徒捅了一刀，在医院呢，所以回晚了。"

我倒了两趟地铁、乘了三站公交，终于到了他所在的医院，可是见到程浩之前，我却先见到了玛丽。是玛丽先看见我的，她就站在那里望着我，两人面面相觑。玛丽说："付蓉，你怎么在这里？"我支支吾吾，说："身体不太舒服，就过来看看。"玛丽说："那你为什么要跑这么远的地方？"这时一个男人从检查室出来，手里举着点滴，那个头儿和身高我都很熟悉。马哲看着我，脸立马变得红彤彤的。这时我还来不及反问玛丽，玛丽却先抢着说了。

"马哲急性肠胃炎，他正巧路过我公司，我公司就在附近，他打电话给我，最近的就是这家医院。"

"哦。"我只是简单地回一个字。玛丽很坦诚，坦诚得让我觉得我很虚伪，我觉得我应该灰溜溜地逃走。要是我在这个时候告诉玛丽，我只是过来要回我的钱包，你认为她会相信吗？

其实我没有问玛丽，为什么马哲会打电话给她，为什么他正巧路过她公司附近，为什么他们总是那么巧合地出现在一个地方，我都没有问。玛丽看我的眼神从来不躲避，反而让我觉得我自己有些心虚，我是藏了什么东西不想让她知道吗？不，我应该比她更坦然才对，我是一个单身主义者，即使我是为了程警官过来，也只是为了拿回我的钱包，最多，再以朋友的身份来看看他，但是我就是说不出口。在第一次玛丽告诉我她相亲对象是程浩的时候，我却没有告诉她，我和这家伙是青梅竹马的邻居，以至于没有第一次便没有之后的任何一次。

最后我和玛丽坐在医院附近的台湾小吃店吃了两碗卤肉饭，玛丽说："你最近是不是有事情瞒着我？"

我摇摇头，她说："好吧，我信你，但是，你肯定是有男朋友了。"

我又摇摇头，她突然惊叫起来："啊，你专门跑到这么远的医院来，不会是为了检查身体吧？"

我差点儿把卤肉吐出来："去你的！滚！"

玛丽呵呵笑道："除了这个，我实在不知道你在掩藏什么。"

不得不说，女人的直觉是很恐怖的，连带着的想象力也是恐怖的，回程的出租车上，我偷摸着给程浩发了一条信息，说："不好意思，我本来想来看你的，但是，实在有点儿事走不开。"

这时玛丽突然开口说："付蓉，有时候我真的觉得你挺过分的。"

"啊？"

玛丽继续说："像今天这种情况，看着马哲生病，却一点儿关心问候的话都没有。当他说他先回去的时候，你也就这样让他走了。"

"不然我要怎样？"

"你至少说送送他吧，陪他等等出租车也好，看他上了车也好啊，但是你就这样拉着我跑一边去吃卤肉饭了。"

"我饿了啊，何况，他是男人，哪有那么弱不禁风！"

这时手机突然响了，是程浩的信息，他说："没事，听到你说要来看我，还是很高兴的。"

玛丽气得望向窗外，不和我说一句话。我靠近她，问："好了，你老实交代吧，你是不是喜欢马哲？"

玛丽说："喜欢什么啊，他脑袋里面只有你，我干吗要去做炮灰，我只是……觉得他可怜。"

那天晚上我和玛丽买了几罐啤酒坐在天台上看星星，我说："我们不要谈男人，我们应该谈谈我们自己，我们二十七了，过了年就二十八了，我们都还没有爱人，我们都还是单身，我们应该庆祝自己还没有被糟蹋。"说完，玛丽就哭了。玛丽说："谁稀罕单身啊，要不是之前玩了命地工作，错过了最佳的年龄，谁稀罕单身啊！"我抱着玛丽，干杯，饮酒，说："你没有男人，但是你有大把的钱啊！亦舒都说了，没有爱，有点儿钱也是好的啊！我觉得这是真理。"玛丽几乎想要掴我一耳光，她站起身来，一脚踢开那罐啤酒，她说："谁要钱啊，我才不想要呢，卡里那些钞票最后都换不回一个爱人。那个程警官，他和我说，他有喜欢的人了！"

我的心咯噔一下，手里的啤酒悬在那里，我说："你真的很喜欢他吗？"玛丽说："不是喜欢，是合适，你懂吗？我和你不一样，我没有那么清高啊，我就想只要有个人把我带走，那个人正好不算那么差，就够了，管他是外交官还是山大王呢？我喜欢的人不喜欢我，已经很惨了。现在连相亲的人都有喜欢的人了，我根本就是嫁不出去了！"

我又说："不，玛丽，你还是需要钱的。如果你只靠爱，那你会很难维持下去。"

玛丽蹲在角落里，像一只受伤的小猫舔舐自己的伤口，我提着啤酒走过去，坐在她旁边，我说："玛丽，什么事情都可以慢慢来，唯独青春不行。虽然我们错过了最好的那几年，我们也没有吃什么亏啊。你可以拿着那笔钱去整容，去挥霍，去让它们留住你的青春，只要你愿。"

玛丽说："我还可以吗？"

我说："没有什么不行，你得相信这一点。不管是那个什么破警官，还是这个死马哲，只要你想，他们最终都会回来。"

/ 8 /

玛丽在一周后买了机票去韩国，而马哲依旧在努力地健着身，好像每个人都在为自己的爱情奔跑努力着。

程警官康复之后，我约他出来吃了一次饭，他把钱包还给了我，他说："这个钱包其实挺旧了，边角都磨损得厉害，你可以买个新的了。"

"那个钱包是我二十四岁时给自己的礼物，当时我对自己说，如果有一天遇到喜欢的人，就不再用这一个了，让喜欢的人送我一个新的。但实际上，到二十七岁了我依旧用着它，可能还要继续用下去，我似乎已经习惯了它的破旧和手感，就像我已经习惯了单身一样。"

外面突然下雨了,程警官帮我撑了伞,站在伞下,他突然想低头吻我,可是我避开了。就在他嘴唇快要落下的时候,我迅速地退了一步。雨落在我的头发上、脖子上、身上、裤脚上、鞋子上,他就这样惶恐而尴尬地看着我。我冲他嘻嘻笑了笑,伸手招了过来的出租车,我拿着钱包和他挥了挥手,然后把自己塞进了车里。

程浩就这样站在雨中看着我越来越远,我别过头没有看他。

那天夜里我给漫画画好了结尾,男主角最终也没有给女主角表白,因为他很担心被拒绝,而女主角也没有和男主角说出她的爱,她悄悄地在被窝里哭了。因为她知道,有些话一旦说出口,就再也收不回了,而有些锁一旦锁上,便再也解不开了。她要的自由,原来真的不是那么简单。

大多数的爱，不过是非分之想

这不是她一个人的故事。

她在暮色四合的时候，走楼梯下地铁站，人潮涌动，她提着包，懒散地吐了一口气。

原本只是寻常的一天，而就是那一瞬间，她一抬头就看见了他。

她已经有许多年没有见过他了，甚至怀疑这个人是否还存在在这个世上。彼时，还是高中，她是众多暗恋他的人中的一个，光芒四射的他却有着记性不好的毛病。因为仰慕，她和大多数暗恋者一样悄悄地观察着他。在情窦初开的年龄，她的心中装不下别的男生。她没有递过情书，也没有递过礼物，而是存钱买了一台相机，拍下了他在学校的点滴。

照片上的他还是青葱岁月的模样，没有胡茬儿，没有西装，只有在操场上嬉笑打闹时被定格的帅气面容。

她原本打算毕业的时候将所有的照片整理好送给他，结果，毕业的那天，他并没有来学校。

她没有想到六年之后会在这儿遇到他，他早已不是当初那般英俊的模样,背着吉他站在等待地铁的闸门处。他看见她在注视自己,咧嘴一笑,走过去和她搭讪。那夜比想象中的要晚,地铁上已经只剩零星的人,她靠着他坐,听他说逗自己开心的玩笑话。

他说:"像你这样漂亮的姑娘,肯定有很多人追吧?"她望着漆黑玻璃中的自己,说道:"我漂亮吗?"他捋了捋她的头发,点点头:"你是我见过的最美的女孩。"

他看起来潦倒,迷茫,不知所措,好像刚刚经历过一次特别大的灾难。他尝试拥抱她,似乎这一切都是她年少时不止一次梦见过的情景。他身上的气息非常陈旧,就像他们遥遥相望的时光。

地铁到站,她突然有些舍不得离开他,他邀请她去自己家里,她自然明白其中的意思。然而,她并没有去他的家里,两个人只是站在路灯下相拥而吻,她终于尝到了他口中的味道。

如果可以,她希望时间能够再长一些,然而电话突然响起,男友问她现在在哪里。

临走前,她说:"你不记得我了吗?高中的那一年,我就一直在你身边。"

他抬头仔细看她,半晌,只是摇头。

她和男友撒谎,然后陪男友看了一场悲情的爱情电影,男友脱了外套披在她的身上,她却突然想起他口中的味道。

她在梦中又见到了他,他和她说再见,那种语气,类似于诀别。而当她梦回惊醒时,却发现男友睡得正香,她在男友的怀抱里像一只柔弱的小猫,闹钟显示的时间还不到四点。

她曾把自己暗恋的秘密告诉过最好的朋友,好朋友告诉她,如果喜欢一个人不表白,那这份爱,也就是非分之想了。

她尝试在遇见他的那个地方踌躇，故意多等几班地铁，却最终没有再看见他。那和一场梦没有区别，她后悔没有向他要电话号码，她沿着那天晚上的路走了一遍又一遍，但是依旧只是自己一个人而已。

周末的夜里，男友邀请她去朋友家里的一个轰趴（私人派对）。她挂了电话，刚刚上地铁，这时，楼梯上走下来的他正揽着一个漂亮的女生。那个女生比她年轻，也比她漂亮。当他们站在她面前时，她突然叫出了他的名字。

然而，地铁门已经彻底关上了，她望着他，他正巧也看着她。可惜，四目相接不过瞬间，他便转过头，和抱着的女生谈笑风生。她听不清他说的话，却将目光死死地盯在他的身上。他好像没有注意到她，就和多年前一样。

地铁匆匆而过，很快就陷入黑暗之中。那场无疾而终的相遇，就像他的记忆，他终究还是记不得她。

我想，我们不能去嫌弃已经拥有的东西

阿秀和子珊在一起三年了，用阿秀的话来说，大学毕业开始他就在挣奶粉钱了，他要给子珊一个最华丽的婚礼，给未来孩子一个最温暖的家。有时候我们在一起喝酒，兄弟几个还会笑他，说这年头儿真把爱情当回事儿的也只有他了。阿秀老实，子珊聪慧，在一起没什么不好，至少我是这么觉得的。

大家伙儿都见过子珊几次，江南女子，柔情似水，正好配得上阿秀这个木头。我们去阿秀家打牌，子珊都在厨房忙活，蒸好了糯米糍粑端上来，香喷喷的。有人说好吃，她就笑，然后劝我们多吃一点儿。

有一天阿秀喝醉了，说明年初就得把事情办了，耽搁太久，岁月不饶人了。大家说阿秀是等不及要做爸爸了，子珊不好意思先进了房间。

有一天，阿秀打电话给我，说子珊忘了带回家的钥匙，他正巧在无锡出差，问我有没有空，晚上陪子珊吃个饭，因为他可能回来有些晚。我当天下班早，也是无事可做，索性就答应了，开车去子珊公司楼下接她。她站在地铁口朝我招手，上来时很温柔地说了

声:"谢谢。"

我问她想吃什么,她想了想说:"随意好了。"其实我最怕听到"随意"二字,因为我也拿不出什么主意来。我问她阿秀跟她通常吃什么,她说饺子啊生煎啊什么的,我说:"我最不喜欢吃面食了。"子珊不经意地说:"其实我也是。"我朝她笑了笑,说:"你不喜欢吃,那为什么还要勉强跟着阿秀吃啊?"子珊说:"因为他喜欢啊。"

后来我们去了日料店,子珊说:"日料挺好,不过也只是和同事聚餐的时候吃过。因为分量少,阿秀一般都不会来这种地方的。"我笑阿秀真是个实在的家伙。子珊说:"他很多东西都不吃的,比如鱼虾蟹,猪肉牛肉也吃得少。"我刚坐下来,就笑得不行了:"那他吃什么?当和尚吗?"子珊微微一笑,我才意识到自己说的有点儿不对,立马改口道:"开玩笑。"

而事实上,那天夜里我发现子珊是很喜欢吃这些东西的,回头一想,她这些年是怎么和阿秀过来的呢?

吃完饭之后,我说:"要不在附近转转,毕竟还不知道阿秀什么时候回来。"子珊说:"也好,我也挺久没有转悠过了。"我诧异地看着她:"那你都在干吗?"她说:"每天下班就搭地铁回家,在楼下买菜,回家做饭,吃过饭也就八九点了,洗碗,洗澡,偶尔看看电视就睡觉了啊。"

我说:"子珊,你们俩是在过老年人的生活吗?"

子珊笑道:"老年人也不会七八点才吃饭吧。"

我说:"你们现在这么年轻都不能好好享受一下人生,要是生了孩子,不是立马要和社会绝缘了吗?"

子珊说:"没办法啊,阿秀是不肯出来吃的,出来吃的次数很少,基本上都是在家。如果我人不舒服,他也会下面条什么的。"

我说:"可是你不是不喜欢吃面吗?"

子珊微微点头说:"是,不怎么喜欢,不过习惯了,也就好了。"

我开车路过人民大舞台,正巧看见孟京辉的话剧要上映,笑着说:"《恋爱的犀牛》呢!很好看。"

子珊顺势看过去,眼睛一亮,说:"是啊,剧本很好的。"

我说:"你也喜欢?"

子珊说:"对啊,我以前上大学的时候还演过,那时候很喜欢廖一梅的剧本。不过毕业之后,就很少接触这些东西了。"

我看见子珊眼中闪过一丝哀伤,不过很快她就闪避了过去。我说:"要不要买张票进去看?"子珊想了想,说:"还是不要了吧,看完应该会比较晚了。"

我想也是,于是开动了车。

那天回去之后,我躺在沙发上想子珊和阿秀的事。有那么一刻,我觉得阿秀这家伙也挺自私的,从来没有为子珊考虑过什么,不过子珊似乎也没有抱怨什么,也是真够能忍的。

接下来的一个月,阿秀常常去外地出差,于是我就趁机约子珊出来。我想子珊一个人在家也挺闷的,于是买了电影票请她去看电影。子珊开始也是婉拒,但我和她说,是××导演的××新作,她立马有了兴趣,几经犹豫,最后还是出了门。每每看完电影,她都会说出自己的见解,而且非常深刻,我有时候都怀疑她是编剧。子珊每次看我听得目瞪口呆,就总是笑,说:"你也是,看电影就看个故事大概,很没有意思的,浪费钱。"

听到她说浪费钱,我大脑就立刻闪现出阿秀的模样,我说:"阿秀一直说存钱养孩子,存了很多了吧?"

子珊摇摇头,说:"我也不知道,他从来不告诉我的。"

我倒奇怪起来,两个人都到了谈婚论嫁的时候,居然财务还要保密。

子珊说:"阿秀一直很在意这个事情,所以我也尽量帮他节约钱,原本家里条件就不是很好。你也知道,这些年阿秀四处接活儿,除了原本的工作,周末能够多接一些私活儿,他也是做的。看他那么拼,我真的不知道说什么好。"

那些日子,我和子珊走得很近,子珊有什么心里话也会和我说。有一天她被老板骂了一顿,打电话给我,看见我就哭了。我说带她去吃好吃的,她说没什么胃口,想到黄浦江边散散步。

那天我还故意避开了人流高峰,没有带她去外滩,而是去了徐汇滨江。那天风有些大,我怕子珊着凉,就脱了外套给她披上,子珊低声哭起来,她说:"有时候心里真的挺烦的,工作总是不顺心,但是又没有办法辞掉。"

我说:"怎么了?"

子珊走了两步,趴在栏杆上,远处的卢浦大桥打着灯光,非常漂亮。她看得有些出神,竟忘了说话。过了一会儿,她擦了擦眼泪,说:"没事,就是不可能辞掉了。我在这个行业做了三四年,跳槽去别的地方,工资不一定能涨多少,而且环境可能更差。之前也和阿秀讨论过,虽然他没否定我的想法,但至少我听出来他是不赞成我换工作的。"

我从口袋里掏出一根烟,背着栏杆点了火,抽了一口,说:"既然不开心,为什么还要勉强呢?"

子珊看看我,风鼓起我那件外套,她没有说话。这时候,突然有人叫了我名字,转头一看,原来是小齐。小齐是我和阿秀的朋友,他原本是高声叫我,直到看见子珊,声音一下低了下去,显得有些尴尬,只是简单打了招呼就走了。我追过去叫住他,说:"今晚的事情,别说出去,拜托了。"小齐嘻嘻笑着,拍了拍我肩膀,说:"我懂,没事,你们慢慢聊。"

我再回去的时候,子珊已经走了,她把衣服放在了栏杆旁边的椅子上。

接下来的很长时间,我都没有再见过子珊。我没有主动联系过她,她也没有再找过我。

有一天,诺兰的新电影《蝙蝠侠前传3》上了,我买了一张票,单独去看。曾经,我和子珊聊天的时候,她说过她很喜欢诺兰的电影,但是这一次,我没有叫她。

出场的时候,我突然看见人群中有一个很像子珊的背影,我追上去,叫住了她,回头,果然是子珊。

"这么巧?"

"是啊,这么巧。"

我请子珊到楼下星巴克去喝杯咖啡,子珊没有拒绝。相比子珊,我反而显得紧张又不自然。

"好久不见了。"

她抿了一口咖啡,说:"对啊,有些日子了。"

"最近还好吧?"

"挺好的。"

后来我竟然找不到合适的话题了,子珊却开口说:"我和阿秀马上要结婚了。"

"是吗?恭喜啊!"

"应该很快就会通知你们的。"

"我倒要看看这小子口中的华丽婚礼是什么样的。"

"谢谢你。"

"谢谢我?"

"前些日子,也是多亏你照顾。那段时间我其实想了很多,和你在一起的时候真的很开心。"

我摸摸脑袋,不好意思地说:"还好还好,你开心就行。"

"好像又找回了一些大学时候的感觉,那时候其实我还是一个很浪漫很疯狂的女孩。说起来你可能不信,当时,还是我去追的阿秀。"

"啊?没有听阿秀说过啊。"我真的还感觉到挺诧异的。

"那时候是真的很喜欢他,待人也很温柔,又有正义感,还会主动去帮班上同学争取利益。当时我就觉得,要是能跟这样的男人在一起,一辈子都会幸福吧。"

"嗯,阿秀是个好人。"

"你也是。你知道吗?事实上,前段时间我认真考虑过这个问题。和你在一起的那些日子,我反而更像自己,可以跟你待在书店看书,去影院看电影,甚至说一些有的没的,于是我就质疑我和阿秀的感情。"

"对不起。"

"不，和你没有关系，是我自己的问题。这些年呢，我总觉得自己是不是爱错了，可是我得不到答案，于是我又问自己是不是没爱错，同样也得不到答案。和你在一起的时候，我是一个完整的自己，但是你也知道，我们只是朋友，我是指这种关系，始终是有一个距离保持在那里，一旦打破了，可能又会变成别的样子，就好像我和阿秀一样。"子珊顿了顿，接着说，"那天我回去，就和阿秀说，我们结婚吧。阿秀并没有诧异，而是欣然答应了。"

　　听到这里，我突然觉得鼻子有点儿酸："子珊……"

　　"我和阿秀在一起三年了，或许还得在一起一辈子。可能你会对我说，现在还早，要是不合适，应该去选择自己想要的，就像工作也是。但是，我想说，阿秀曾经就是我想要的，就像这份工作曾是我挤破头才争取到的，为什么有一天我会质疑呢？那么现在换了阿秀，即使和其他人在一起，我想过些日子，我也会质疑的。而当阿秀毫无顾忌地答应我的时候，我就真的什么话也说不出口了。我想，我们不能去嫌弃我们已经拥有的东西。"

　　那天我送子珊回家，子珊下车，对我说了一句话："和你在一起的时候才最像我自己，但我知道，那反而不是爱情。"

　　年底的时候，子珊和阿秀结婚了，阿秀那家伙真的存了一大笔钱，在巴厘岛的玻璃教堂举行了最华丽的婚礼。

　　阿秀席间来敬酒，俯下身子，对我们兄弟几个说："我很快就要当爸爸了，你们信不信？"我看见阿秀的笑容，和多年前他和我们说"我追到系里最漂亮的姑娘了"时一模一样。

他们可能是你远方的亲友

过年的时候,芹阿姨到家里来做客,和老妈聊到兴头上,突然有人敲门。老妈过去开门,结果竟然过了五分钟才回来,而后也没有别的人跟着进来。芹阿姨问是谁,老妈说:"推销的小孩子。"芹阿姨看着老妈脸上浮动的一丝笑,不解地说:"那你还聊那么久,是我直接就拒绝掉关门了。"老妈淡淡道:"虽说是推销,别人也是在工作。虽然不讨喜,但别人也没有伤害到你。"

芹阿姨说:"你脾气还真好。"

老妈笑笑道:"你孩子还小,要是再大一点儿你就知道了。"

芹阿姨疑惑道:"和我孩子有什么关系?"

当时我在屋子里,听到这番话,心里五味杂陈。

去年七月的时候,我正在筹备自己的公司,很多时候都要冒着大太阳出门宣传,有时候顶不住下午的炎热,就和团队的小伙伴们到夜晚人多的广场发传单。最开始的时候,我们也摸不着门路,抓住路人尽可能和他们讲解,但很多时候都是被无情拒绝的。当时拍了照片发到朋友圈里,老妈看见了,问:"苦吗?累吗?"我说:"还好。"

我是真的觉得还好，虽然小时候也没有想过自己有一天会站在大马路上发传单，也没有想过自己从小拒绝过那么多发传单的人，长大后自己也一次次被别人拒绝。但遇到这样的情况，我总是安慰自己，出来混，迟早要还的。

后来我自然也做了很多不怎么讨人喜欢的事，比如挨家挨户去塞广告，打电话给客户去邀请别人过来缴费，还有一边与顾客点头哈腰，一边赔笑。这些事，虽然不说，老妈却好像全知道一样。

大年初二，我们在外面吃饭，一个小姑娘过来上菜，菜没端好，洒在了老妈衣服上，小姑娘一直赔礼道歉，到后来差点儿哭了。老妈起身去洗手间，回来的时候，姑娘被老板拉过去狠狠骂了，老板说给我们这桌打折，老妈说："打折如果可以换回小丫头不被骂，那就给我们打折吧。"说完，老板就愣在那里了。

回家的时候，我开玩笑问老妈："你什么时候变得这么宽宏大量了？"老妈说："你这是在损你妈呢？"我说："没有，就是好奇。"老妈说："现在看着这些在外面打工的人，就想起你啊，在大城市无依无靠，都是靠自己双手劳动吃饭。新闻报纸天天报道，多少毕业生赖在家里白吃白喝啃老，能够自力更生的孩子多难得！换了以前，我也会觉得那些塞传单搞推销的人真烦，但是现在，每次遇到他们，我就好像看见你一样。责怪这些辛勤劳动的孩子，他们的父母会怎么想呢？把他们看成自己的孩子，只会心疼，哪里还会感到厌烦呢？"

同样的事情，在阿鹏家也遇见过一次。

当时我和阿鹏在沙发上看电视，阿鹏妈看着电视里那在美国小饭店洗碟子的男主角，就感叹起来。原来阿鹏的大表哥也在北京洗过碟子，那时候大表哥家没钱供他上大学，大表哥刚刚进学校，也没有办法接更有技术含量的活儿，就和寝室几个兄弟去饭店端菜洗碟子。那会儿阿鹏妈跟着大表哥父母去看他，打电话才知道他在饭店忙活。三个人在学校宿舍楼下等到七八点，大表哥才回来，说带他们去吃饭。大表哥妈抓起大表哥的手一看，长长的一条血口子还没愈合，心里难受。大表哥说："这点儿伤，不算什么。"那时阿鹏妈就说："孩子在外不容易。"她立马想到在东北念书的阿鹏，回头又多给他打了点儿钱，阿鹏当时还奇怪，怎么多了一笔钱？阿鹏妈就说："有想吃的就吃，想穿的就穿，不要舍不得那点儿钱。"

从那次之后，阿鹏妈每次看见年纪轻轻在外面做事的小伙儿小姑娘，都格外温和。一方面打听别人年龄，一方面说自家阿鹏也差不多大，还在念书，比起他们，真是差劲多了。每次虽然这么说，阿鹏妈其实都惦记着阿鹏。一到夏天，阿鹏准会去打工的，不管做什么，他都希望自己能够更自立一些。阿鹏妈开始也是反对的，但是阿鹏坚持，阿鹏妈也就随了他。

大二那年，班上的一个女同学去卖手机卡，老板给的业绩指标是一天五十张。当时大热天，出来逛街的人实在是少，她说得口干舌燥，最终也只卖出去十张。我们傍晚出去吃饭，看见她穿着印有logo（商标）的短袖衫还在那里和别人解说套餐信息，最后大多数人只是听听就走了。我们吃完饭回来的时候，准备去和她打招呼，才看见她蹲在校门口旁边的角落，一声不吭地在哭。我们劝她别哭了，她说："要是没卖到五十张，前面的十张也就白卖了。"那时候，我想起好多次在商场遇到邀请我办卡的人，最后都被我一一拒绝的情景，我突然觉得自己其实也挺残忍的。

我还在大公司上班的时候，每次遇到年长的客户，他们都会打听我的年龄，听说之后，不免加上一句："和我家孩子差不多大，不过倒是能干多了。"当他们说这些话的时候，我知道，他们其实都在惦记着自己家的孩子，有那么一刻，他们也会在我身上看到他们孩子的影子。

夜里和老妈散步，老妈说："这些年，你在外面奔波，其实我也挺担心的。我倒不是担心你不能靠自己的能力活下去，而是担心你受了很多委屈。从小到大你都好强，从来没有被别人骂过嫌弃过，但是进入社会，这些都是必然要遇到的。说实话，我担心你撑不下去。"

"但是，我不也挺过来了吗？"

"嗯。现在回头想，即使自己，也曾经对那些烦人的人和事发过脾气，但是不知道为什么，现在就是气不起来了。一想到要是自己的孩子在外面也这样被说被骂，妈妈心里是很难过的。"

"妈妈年轻时候不也是受过很多委屈吗？"

"所以我从来不会和你外婆外公抱怨这些。"

"但是妈妈最后都撑过来了，所以，对我，他们一点儿也不用担心。"

老妈说："有一天，当你明白所有的职业都是值得被尊重的时候，就是你真的能够体会到世界的时候，因为或许今天他们只是让你有些厌烦的人，但可能明天，你的亲友也有可能成为他们。当你看见那些努力劳作的人们时，想一想，他们可能是你的孩子，自己可能是他们远方的亲人。"

没办法恋爱的少女病

我妹妹已经二十二了,但是她依旧没有男朋友。说出来很奇怪,但是妹妹也会迎面反问道:"你二十五了,也没有女朋友,不是吗?"

她说得一点儿也没有错。

但是对于男生找不到女朋友这种事情,我觉得大可以成为不了了之的话题,但对于女生到了这个岁数没有男朋友,我却觉得不太妥当。这种话说出口,我立马就要被一大群女生"谋杀"。但事实上,我只是觉得女生需要有一个照顾她的人,而男生,大大咧咧,自己随随便便一点儿就好了。

妹妹会生气地说:"需要被照顾的人是你们男生吧,你们扬言要找一个女朋友,其实不就是找保姆吗?让女朋友洗衣做饭什么的,其实根本不是真爱,不是吗?"我想,这或许是她不恋爱的理由之一。但是她依旧不依不饶地说:"为什么我一定要有男朋友,你这种性别歧视什么时候可以消除?"

我和她一起长大,我大她三岁,基本上她什么时候初潮我都记得。我当时并不懂事,在外婆家看见洗手间里的内裤,迟疑了片刻没问出口。后来在生理课上含含糊糊知道了答案，那时候就知道不能再把她当成小女孩看待了。初中的时候，她被老师告状和男生厮混、暧昧不清，其实我权当是小题大做，即使真的有恋爱关系，我想也很正常，但家长可不这么认为。

这种事情，只要我私底下问一句，很快就能知道真假，但事实上，恰恰是从小一起长大的兄妹，反而没有办法直面去问这样的问题。或许别人可以，但我做不到。一直以来我也考虑过这些问题，好比，你最近是不是不能吃冷、辣的东西；好比，你不要看那种电影，里面都是限制级的东西；又好比，你是不是跟隔壁那个臭小子眉来眼去呢，看我不抽死他。这些话都是电视剧或者电影里的兄长随口就能问出来的，而我只能通过一些细微观察去了解她的内心。

她十三岁那年已经开始会用粗俗的词汇了，我听在耳里很不舒服，但是又没办法说。你不要说脏话了，那个词你根本不懂什么意思。一旦说出来，就好像立马告诉了对方自己的秘密一样。后来我们一起看电影，里面出现"嗯嗯啊啊"的画面，我也只觉得脸红心跳，好想赶紧快进过去，而她却一边吃着薯条，一边若无其事地看着屏幕。

直到十五岁时，她第一次郑重其事地问我："你在班上有喜欢的女生吗？"我摇了摇头，其实是撒谎。她狐疑地看着我的眼睛，我却躲闪了过去。"你都已经十八岁了，还没有喜欢过人，不会觉得很奇怪吗？"我说："那又怎样？"她突然泄气道："只是很想知道你喜欢的女生是什么类型，确定一下你的品位。"

我当然不会告诉她，她一定会去告密。在我念书的年代，恋爱还是学生之间非常禁忌的话题，这种事情要是被家长知道了，肯定要被狠狠地教育，而且就跟犯了大错一样。

我上大学之后，她倒收敛了很多，基本上也看不到她和同龄男生厮混了，好像开始做一些正经的事情来。周末会去绘画班学画画，然后抽空给我打一通电话，有的没的说一些她最近看的书和电影，话题不再围绕某个男明星，而是围绕书或者电影主题本身，甚至开始讨论剧本之类的东西。

她常常会说到男女主人公的爱情，表达的意思大概是："女人最后总是被男人整得很惨，要么失去对方，要么失去自己。"我笑话她说："你这样说好像你以后都不会谈恋爱了一样。"她说："没准儿啊，恋爱又不是每个人都向往的东西。"

"那你向往什么？"

"自由散漫的生活，谁叫我是射手座！"

而实际上，她并不自由散漫，因为绘画的关系，通过自主招生就进了好的大学，然后开始学习英语、烘焙、摄影，也开始将自己的画作放在网络上。大二那年大家都开始进入大学的热恋期，能够谈恋爱的都前仆后继投身进去，唯独她特立独行地在寝室没日没夜地做自己的事情。

"我说，你该不会是准备单身吧？"

"暂时没有打算把自己献给别人。"

有一次她洗澡的时候，手机放在沙发上，因为她没有锁手机的习惯，我顺道拿起来看了一眼。看名字就是男生，他说了一句"可以给我一次机会吗？我不想一直做朋友。"突然她从厕所出来，吓了我一跳。

事后我竟然不知羞耻又去看了下文，妹妹很不客气地回了一句:"如果不做朋友,那就干脆断了关系。"

是从什么时候,她开始变成这样独立的女人的呢?

十三岁那年被请了家长之后,老师非要她承认早恋这回事。她的早恋的对象我现在还记得,是一个留着长头发的男生,他们俩站在办公室门口,我放学正好路过,意外看见爸妈在那里。接着老妈就把我拉到一边说:"你有空劝劝你妹妹,这种事情很丢人的!"

事后我当然没有劝她,我想如果那时候我和她说不要恋爱的话,她肯定会和现在一样反驳我。据说后来那个男生就这样转学了,而她在班上立马变成了众人的话柄。

从那之后,她确实还跟少许男生来往,她正式开始学画画以后,就彻底断了联系。

"我看待男生的眼光突然发生了变化。以前认为只要是值得依靠的人就可以当作恋爱的对象,但现在完全不行。光是可以依靠完全是胡扯,如果哪天他也让别人依靠了,我就没有位置了。"她这样和我说。

"那你现在怎么看?"我问。

"有个像苍蝇一样讨厌的男生总是盯着我,身边的大多数男生都和他一样,连自己以后想要什么样的生活都不知道,还谈什么恋爱?他之所以想追我,还是因为得不到,根本不是那种因为了解对方,觉得两个人可以成为长久的soul mate(灵魂伴侣)而展开的感情。"

"恋爱这种事情轻松一点儿就好了,又不是结婚。"

"不以结婚为目的地谈恋爱,不就是耍流氓吗?所以在男生眼中,恋爱是恋爱,婚姻是婚姻,对吗?我果然没看错。"

我不小心说漏了嘴，反而让她坚定了自己的看法。

"我倒不是说恋爱和婚姻要区分开，而是说，恋爱的过程应该比婚姻轻松才对。你有点儿斤斤计较了。"

"那是哥哥你的看法，所以其实你不谈恋爱也是假的。实际上你总是在换女友，是为了享受轻松的感觉？"

"什么乱七八糟的！"

到了她二十三岁生日的那天，我竟然没有像以前那样祝她开心，而是祝她早日脱离单身，结果她却不如以往高兴。她说："你变了。"我说："没有，只是为你担心。"她说："你担心什么，我拿了奖学金，雅思也过了六分，今年去了六个城市，而且学会了竹炭泡芙的做法，你还有什么好担心的？"

"我是担心你有一天会寂寞。"

"那是你自己吧。"

"女孩子不要这么好强！"

"你的性别歧视什么时候能停一停？女人除了爱情和婚姻，还有很多东西。"

"你想说远方和诗吗？哈哈哈，那可是骗人的东西。"

"我想说的可不是这个，我想说的是如果我把时间花在了我不想花的东西上面，我会很不开心，至少，目前我不想花时间在恋爱上。"

之后一个朋友聚会，我带妹妹一同去参加，原本想介绍几个朋友给她认识，却被朋友误认为她是我的女朋友。这样的尴尬局面还出现过几次。人们问及她是否恋爱的时候，她非常淡然地回答："没有。"私下朋友开玩笑说："估计一直暗恋哥哥你啊。"我说:"别开玩笑!"

有一次喝醉酒,我竟然真的问了她这个问题:"你不谈恋爱不会是因为找不到像我一样优秀的男人吧?"

她冷冷地回答道:"如果像你这样的男人出现在我的世界里,估计连做朋友的机会都没有。"

"你真的不打算谈恋爱?会被朋友当作异类的!"

"我为什么要被当作异类?"

"你会被当作拉拉(女同性恋者)什么的,总之肯定有问题。"

"你就那么在意别人的话所以才活得那么辛苦。"

"喂喂,你可是在和你哥哥说话,注意一下。"

"这种喝醉了酒要打电话叫妹妹来接的哥哥,有什么好尊重的!"

"你对男性的认知出现了偏见。"

"不,是我身边的男性让我产生了偏见。"

那天她开着车,摇摇晃晃地在雨中行驶,我靠着车窗差点儿睡着了。她在路边停了车,从座位后面拿来一条毯子搭在我身上。她以为我睡着了,其实我没有。她淡淡地说:"真的有可靠的男人吗?连亲哥哥都这个样子……"

雨声很大,她趴在方向盘上,淡淡对我一笑。

去年夏天的熊和今年冬天的忧伤

　　如果没有喝那杯酒，我想我也不会和别人说起这事儿。但是在昏暗的灯光下，总归要找点儿话题来和别人攀谈，好比一些稀奇古怪的八卦和一些秘不可宣的隐私。而我之所以会提起那只熊，实在是有些惆怅。

　　为什么会产生这样失落的情感呢？大致还是因为孤单一个人。不，这不是关键，引发这种失落感的原因还是太闲了。对，这是关键，因为进入深冬的时候我丢了工作，时间一下子多出来一大把，而我只有一个人，所以开始胡思乱想。实际上，那份工作并不是什么技术活儿，只是把面包裹上黄油、蔬菜、培根，有时候还要加火腿，然后扔进烤箱里等待叮的一声，再把这东西拿出来，面带微笑地递给顾客，如此简单。可是就是连这样的事情我也没有做得太好，我和那个该死的外国佬吵了一架，我外语听力一直不好，所以我不清楚他到底要加番茄还是土豆，可能我一时走神，最后他皱着眉骂我，说我做得不好，其实我没听太懂，但是我知道那个"fuck"不是什么好词。这时候经理走出来，把我叫进了员工室，狠狠地把我教训了一顿，他说："这个月的奖金没有了。"我还在和他全力抗衡，最终却败下阵来。最后我扯掉罩在前面的围裙，脱下帽子和口罩，对经理说："帮我结算工资吧，我明天不来了。"

我承认，我有点儿不在状态，从冬天开始的时候就表现出来了。

回家的时候，我在地铁口的蛋糕店踟蹰了片刻，去年夏天我就是在这里遇到熊的。那天我打算去买早餐，而我最爱的全麦可颂没有了，熊就这样看着我，吓了我一跳。我说："天哪，你为什么会在这里？你不是应该在森林里吗？"熊笨拙地摇摇头，说："我也不能总待在森林里。"我说："全麦可颂还有吗？"熊说："没有了，不过那款蜂蜜蛋糕很好吃，我很喜欢吃蜂蜜。"我微微皱眉，说："不，蜂蜜太甜了。"

最后我没有买蛋糕，却认识了熊。

我曾问过熊一个非常愚蠢的问题，我说："这么热的天，你不热吗？"熊说："挺热的，不过我可没办法脱下来我的皮，你知道的。"我笑笑说："是啊。"那时候熊在路边陪我喝酒，其实我已经失业很久了，换了很多工作，但多半是做一段时间就不做了，我觉得我沉不下心来思考事情。熊看着我说："你看起来不怎么开心。"我说："是啊，因为我快要死了。"熊摸摸脑袋说："每年夏天的时候，我都有过这种想法，夏天实在太热了，我总觉得我会在夏天死掉。"我一下被熊逗笑了，说："不不不，我不是因为太热了。太热我可以去吹空调，随便走进一家银行就可以解决问题。我是在烦别的事。"我始终没有和他提及我是一个无业游民的事，我怕我会被一只熊看不起。

熊用爪子挠了挠脸，说："对啊，你看，如果热了你就可以吹吹空调，那别的事情也一样。只要是问题，总归会有对应的办法的，不是吗？"

我想这只熊真是一个哲学家。

我和熊在十字路口告别，回到家就想躺在床上睡觉。我想我只要睡过去就好了，人睡觉的时候就可以不吃不喝不去想那些烦恼的事情。睡眠可以隔绝一切，是治疗任何心病的最佳方式。就在我泡完脚准备上床睡觉的时候，门铃响了。

我打开门就看见了那张最不想看见的脸。

他走进来，抽了一支烟，然后不停地在房间里踱步，就像一只找不到食物的猩猩。我坐在沙发上，一脸睡意地看着他，说："有何贵干？"他终于停下脚步，撑着桌子看着我说："你能不能再借我一千块钱？"我朝他翻了翻白眼，说："我最近快穷疯了，这个房子月底到期，我估计还得卷铺盖走人，你让我去哪里给你找钱？"他说："不行，我可是你亲哥哥，你不能见死不救。"我进屋，翻箱倒柜拿出一个盒子，扔给他，说："这是我最后的积蓄，你拿去吧。"他满心欢喜地打开盒子，在看见那七块三毛的硬币时，彻底绝望了。

"你在耍我？"

"我只有这点儿钱了，你要就拿去吧。"

"喂，老爸肯定有打钱给你吧，你刚刚毕业第一年，他不可能不接济你的。"

"那你就去问老爸要好了。"

"你够狠。"

"你这次是赌钱还是买股票了？我要是有你那样像样的工作，才不会沦落到跟自己弟弟要钱的地步。"

"你在教育我？"他的眼睛眯成一条线，把盒子扔在地上，拿走了我桌上的那盒烟，开门时，他还是愤愤的样子。不过我实在是太困了，他一转身，我就睡着了。

我一大早去找工作，路过地铁口的时候又遇见熊，熊说："你是要去上班吗？"

我说："对啊。"为了应聘工作，我可是穿得西装笔挺。

熊笑笑道："看起来不错，你是做什么的啊？"

我胡乱编了一个工作："银行经理。"

"好像很厉害，那祝你今天工作顺利。"

不知道为什么，和熊说完那段话之后，我觉得我真的成了一个银行经理，而且下了地铁就顺道走进了那家最大的银行。而当保安问我要办理什么业务的时候，我才回过神来。"啊，不好意思，我就是进来咨询咨询。"最后我被塞了一堆宣传单，然后走出去了。

我原本是要去一家外贸公司应聘的，但是我因为耽误了太多时间加上走错路，最后赶到时，人事经理已经下班了。而且前台告诉我，已经有人被录用了，所以我不用再去了。

我就这样灰头土脸地在路上转悠，觉得心情变得很差，直到夜晚回到家楼下时，看见熊还在帮客人推荐蛋糕。他冲我笑了笑，然后招待完那个客人后走出来叫我："你下班了吗？"我点点头，熊说："那你等一下，我马上下班了。"

五分钟后，熊提着一个小纸袋走出来，他说："请你吃。"我疑惑地打开纸袋，看见两个全麦可颂："啊，给我的吗？"熊点点头："我留下来的，不然又被买走了。"我说了声"谢谢"便立马吃了起来。

"工作太忙了吧，看你肯定饿了。"

"嗯。"确实一整天都没有吃东西了，肚子早就咕咕叫了。

"不要因为工作而伤害身体啊。"

"下次不会了。"

"嗯，不过要是能忙到没时间吃饭，说明工作应该做得很不错！"

我咽着面包，觉得有些心酸，眼泪不觉落了下来。

"啊，你怎么哭了？"

"因为好久没有吃过这么香的可颂了。"我不觉又撒了谎。

"原来是幸福的眼泪啊。"

夜里回去的时候，熊还是和往常一样与我告别。熊说："我可以和你交朋友吗？"

我说："我们不是本来就是朋友吗？"

熊傻傻地咧嘴笑，然后过来给了我一个大大的拥抱，因为夏天，我感觉到他浑身都是汗，却一点儿也不在乎。

回到家里，我突然发现沙发旁边的空调不见了！后来发现，不仅空调，卧室的电脑也没了，还有我大学时代凑钱买的单反相机。

我打电话给我那该死的哥哥，但是他却拒接我的电话。我气得给他发了一条信息，我说："我可以报警，你知道吗？！"

这时他终于回了电话："你是不是非要看着我死？"

我说："那空调是房东的，你疯了吗？"

他气急败坏地说："对啊，我是疯了，我要是再不还钱，我就要跳楼了！"

我沉下气来，问他："你到底差多少钱？"

他压低声音说:"五万。"

"五万!你真的疯了!"

"那有什么办法,我怎么知道股市会跌,我都观察那么久了,我一出手就有问题,跟我有什么关系!"

"你有工作,你可以自己攒钱还的啊!"

"等不了了,我现在还差两万多,你得帮我想办法。"

我挂断了他的电话,实在不想再理会他的事情,反倒是房东的空调,我还得想办法给他补上,否则,我可能真的要走一趟派出所了。

我和熊说起我要买一台空调的事情,熊说:"你也热得受不了了吗?"我点点头,然后吞吞吐吐地说:"可是我的钱都买房用了,所以……"熊想了想,说:"虽然我不知道怎么回事儿,但是我觉得我应该帮帮你。不过我打工的钱都是为了买干粮用的,可能不能全部给你。不过我可以给你一半,大概三千块,可以吗?"我倒有些不好意思应他:"算了,不买了,应该死不了。"熊说:"不,我知道热是很难受的事情,每年夏天我都能感受到,或许可以算我借给你,你以后再还给我。"

最后我拿熊的那笔钱买了空调,但是我根本想不到的是,那个可恶的男人又偷偷跑来搬走了别的东西。

"我跟你说,我正在去警察局的路上。"

"小子,你够了,你可不能出卖你的亲大哥。"

"我已经忍了很久了。"

"我会还钱给你的!"

"月底房东就会来收钱!到时候你让我怎么解释?"

"你能想到办法的,我相信你。"

熊问我:"买了空调凉快些了吗?"

"好些了。"

"那就好,不过下周开始就要入秋了,到时候不要贪凉感冒了。"

"嗯,我会注意的。"

实际上我心乱如麻,根本不知道能不能挨过下周。突然有个陌生电话打进来:"请问你是高强的弟弟吗?"来电方是警察局。

"你居然敢出卖我!"他就这样冲我吼叫着。

"我没有!"事实上,真的不是我报的警。他被警察带去录口供,我回头却看见了嫂子。一下子似乎明白了什么。

"东西都找回来了,你看看有没有遗漏的?"嫂子问我。

"还好,只要几个大件都在就行,明天我叫车过来拖。嫂子,我实在是……"

"确实挺抱歉的。"嫂子有些不好意思地说,"他最后把我的首饰全部偷走了,包括我的嫁妆。我真的不知道他怎么会变成这样子。"

"你比我有勇气,我不止一次想要打给警察。"

"我只是觉得,如果我不迈出这一步,或许我和他就完了。"

虽然东西都找回来了,我心里却一点儿也没有好受多少。如他所说,他毕竟是我亲哥哥,我不可能不当回事儿。到家楼下的时候,熊还没有走,他似乎在等我。那天实在太热了,他浑身上下毛都湿透了,我说:"你要不上楼去坐坐吧,洗个澡,吹吹空调。"熊受宠若惊似的看着我:"真的可以吗?"我说:"有什么不可以，咱们不是朋友吗？更何况，空调还是你借钱给我买的。"

熊从卫生间出来，我用了五条毛巾才给他擦干。他坐在地上，朝我嘻嘻笑，就像个孩子。熊说："你真好。很高兴认识你。"

我说："我也是。"

我点了一支烟，熊呛了一口，说："其实那不是什么好东西。"

"我知道。"

"我的意思是，它多半让人想起孤独，但实际上你是很开心的，对不对？"

我尴尬地掐灭了烟。熊说："或许每个人都有那么一两件不顺心的事，好比这难熬的夏天。但是你也知道，秋天马上就要来了。"

"是的。"

"所以，再难熬，也就是那么些日子，对吧？"

"嗯。"

那夜，我趴在熊身上，吹着空调，没有觉得冷，也并不觉得热。熊毛散发着我家沐浴露的味道，很好入眠，那是我睡得最香的一个夜晚。

然而，秋天比夏天要短，短到我刚刚找好了工作，熊就告诉我他要回森林了。

"这么快？"

"对，我要去买干粮，然后冬眠。"

"可以不冬眠吗？"

"不行，我们熊的一年只有三季，对不起。"

"哦，非走不可吗？"

"嗯，非走不可。"

"那好吧。"

"今晚只给你留了一个可颂，不过比以往的都大。"

"谢谢。"

"很高兴今年夏天吹到了空调，难熬的一季又过去了。"

"那你明年还会来吗？"

"应该会吧。"

"那我等你。"

而事实上，那是我最后一次见到熊。可能是第二年的夏天并没有之前那么热，几场雨后就转凉了；也可能是熊去了别的城市认识了别的人，毕竟不是只有这一个地方可以吹空调。后来我和很多人说起过熊的故事，但是没有人真的相信我说的话。路过那家蛋糕店的时候，我总忍不住多看几眼，但是除了一位穿裙子的小姑娘在那里干活儿，再也没有别人。

后来哥哥从监狱里出来，向我道歉，开始认真工作，偿还了债务，好像之前的事情都没有发生过一样。有时候调侃起来，他都会不好意思地说："天哪，那时候真的是傻死了！"

有一天，我喝了酒，应该比以往都喝得多。我和一个素不相识的人突然聊起来了，我说："我遇见过一只熊，他总是很怕夏天，当然，我知道你肯定不相信。"

这时，那个人看着我，吃惊地笑了出来，说："不，不，我信。因为，今年夏天我也遇见过。"

Four

孤独是治愈一切的良药

GUDU
SHI ZHIYU
YIQIE DE
LIANGYAO

Different from others

在最饥饿的时刻，吃掉寂寞

"在遇见大象之前，我们只计划着吃掉一头牛。"

我和豆子说："我曾经看过一部非常绝望的电影，那是关于一群流浪汉的故事。他们被困在一个岛上，而岛上除了灌木，什么也没有。"当我说这些的时候，豆子抽着烟，他说："我也看过一个故事，那是一个落魄王子的故事。他从飞机上坠落，掉进了大海里。他游了三天三夜，就在筋疲力尽的那一刻，他终于漂到了海滩上。岛上的人正巧很久没有吃东西了，于是他们把王子当作了他们的食物。"

当我们彼此说完各自的故事后，我们都有些忧伤。

我对豆子说："上次我给你带了些糖过来，其实，你可以尝试吃一些糖代替吸口袋里的烟。"豆子对我礼貌地笑了笑，说："可是，我还是比较喜欢抽烟。"

我是豆子唯一的朋友，豆子患有严重的抑郁症，和我哥哥住在同一家治疗所。但是哥哥去年去世了，上吊自杀，而豆子是他同房的病友。当时我原本是来收拾哥哥的遗物的，却看见趴在病房阳台瑟瑟发抖的他。医生告诉我他叫豆子，我知道，他也是我哥哥那段时间唯一的朋友。

哥哥是在三年前患上抑郁症的，当时因为公司财务压力非常大，加上股票和债券都出了问题，最后卧在办公室尝试自杀，经抢救之后，就一直郁郁寡欢。他也拒绝医生开的药，关在屋子里长期不进食，越来越瘦，几乎变成了皮包骨。最终，我和母亲把他送到了治疗所。那天母亲一路都在哭，好像是我们对不起他，把他送到治疗所，类似于抛弃。

后来我们去看过几次哥哥，但大部分时间，他都是望着天花板发呆，他唯一和我说的话，就是：好饿啊。其实每当他说这句话的时候，护士都告诉我们他刚刚吃过东西，我为此还和看护人员吵过几次，以为他们虐待我哥，而事实上，他们并没有撒谎。于是，当哥哥再说这样的话时，我也只是轻言细语地安慰他，"饭在做了，很快就好。"

对于哥哥的离开，母亲至今很难接受。虽然自从哥哥进入治疗所她就已经在适应分离的状态，但要面对一个活生生的人真正从这个世上消失，还是有些残忍，特别是那个人还和你有血缘关系。

哥哥精神好的时候，会和豆子还有其他几个人坐在大厅玩飞行棋。虽然哥哥变得沉默了，甚至精神世界有些萧条，但是智商却一点儿也没下降。他总能很快完成自己归属的那一列棋，然后看着其他人下。即使他已经将四枚棋子放进终点了，也不会离开。

豆子说："其实你哥哥，是个好人。"

抑郁症的病人，病因各不相同，有的是内因，有的是外因，也并不是所有的抑郁症病人都会看起来和正常人不同。

豆子说："我常常觉得自己是一个人，要是身边再多出一个人来，我会非常担忧。一方面我很担心我与他建立某种关系，这种关系不论好坏，最终都会土崩瓦解，让我非常难过；另一方面，我也担心原本的自己会因为对方发生改变，因为交往就必须去适应对方的世界，我几乎做不到，就会对对方造成伤害。后来，我发现我还是只能一个人。"

豆子和我讲这些事的时候，是哥哥去世的第二周。我到治疗所帮哥哥办理一些手续，正巧路过他的病房，不自觉地想要去看看豆子，甚至和他说两句话。我给豆子递了一支万宝路，豆子说："以前你哥哥都抽七星。"那时候我略表诧异，这样一句话打开了我们后来交谈的一个缺口。

"你是说，我哥抽烟？"

"对，七星，黑色盒子的，他有很多，国内其实不容易买到。"

我印象中的哥哥，和我生活了近二十五年的哥哥，我一次都没有见过他当着家里人的面抽烟，甚至我们都不知道他有抽烟的习惯。就是那一次，我才发现，原来我们都不是那么了解我哥。

从我懂事开始，哥哥在全家人心中一直是非常优秀的人，功课、学习成绩、工作都很好，也总是能够给大家带来非常温暖的感觉。从小在单亲家庭长大的我，哥哥在某种程度上也承担着半个父亲的责任，如果说唯一有过一次不开心的事，大概是母亲劝哥哥和自己一个好友的女儿相亲。那一次哥哥非常不开心地和母亲吵了一架，之后，母亲再也没有要求过他什么。

但是说实话，即使作为和他一起长大的弟弟，也很难弄清楚哥哥背后的那些故事。因为三岁半的差距，我和他也不能说完全融在一个世界里。到最后哥哥离开，我也只能联系到我所熟知的他的几个朋友,而哥哥的交际圈,据我后来所知,其实远远不止如此。

从那次之后,我就想着能够从豆子那里多听到一些关于哥哥的事情,于是有时间便会去治疗所看望豆子。一开始豆子比较排斥,他并不会和我说太多的话,我陪他在附近的草坪散步,有时候看见那些感情深厚的情侣,他便会露出不悦。

"如果可以,下次还是不要来这种地方了。"他最终和我提出了意见。

"好。"

"不过,还是很感谢你。"

豆子在某一次喝醉酒的时候和我透露过他的事情,那是一次无意的谈话,他说:"我一直以为自己可以完全与周遭的一切绝缘,我几乎不用手机、电话、网络,也很少接触新闻,我觉得一个人很好。那时候我住在市中心附近的一个小区,我的工作是帮别人做图纸,我不用去公司,到时间寄过去,再等一段时间,就会有钱。虽然听起来很原始,但是他们尊重我的这种做法。可是后来发生了一些事情,我不知道为什么喜欢上了一个女孩子。"

豆子发现这一次喜欢不是单纯的情感迸发,而是彻底打破了他的原则。他非常惊慌,开始悄悄偷窥那个女生,他在深夜十点左右总能在便利店里遇见她,久而久之,偷窥变成了他的一种"瘾"。

"其实我并没有想过要和她发生什么,但是,正因为如此,这是一种单方面的建立关系,比双方都承认有着更加不确定的危险性。我开始跟踪她走路,坐公交,看着她回家,再独自一个人回来。我已经知道了她的地址,门牌号,好像知道了她大部分的事情,有一次看见她拿出的工作证件,也知道了她所在的公司。而很巧的是，那家公司就是我长期合作的那一家，我觉得，上天似乎是故意要她和我相遇的。"

豆子讲着讲着就睡着了，那瓶酒是他进来之前带的，其实他酒量很差，喝一点儿就会醉。

一个月后，豆子开始和我有了正式的交谈。他说："我父母一直觉得我是一个很奇怪的人，所以，他们基本不会和我联系。自从我进了这里，他们更是极少出现了。"我曾经奇怪过豆子为什么会和我说这些事，因为这似乎有悖于他的做人原则。但豆子很快就做出了解释："我之所以和你说话，是因为我不担心你消失，或者说，我也希望有个人听听我的事情，而且还能把这些堵在我心里的烦恼带走。"

"那你后来和那个女生还有进一步发展吗？"或许是豆子表达了内心的想法，我也开始试探性地问了起来。

"没有，甚至可以说，我之所以最后到这里来，也是因为她。"豆子坐在床上，端着一杯热茶说："四月春天到来的时候，她不再一个人出现在便利店里了，当时我心里非常难过，可是我和那个男生比起来，确实相形见绌，可是，我还是很难过，到四月中旬的时候，他们俩都再也没有出现在便利店了。"

"所以，你觉得你得换个环境？"

"没有，当时我把自己锁在家里，开始绝食，躺在床上，想着她的样子，后来，几乎没有力气再做别的事情，我父母来看我，见我那个样子是真的吓到了。"

"他们送你到的这里？"

"差不多，到医生那里咨询后，他们认为这里应该是最适合我待的地方。"

差不多喝完那杯茶的时候,豆子突然开口说:"你哥哥走的前一天晚上突然和我说,其实,他挺寂寞的,好像这么多年,一直陪着他的,不是开心,而是寂寞。"我想趁机知道更多一些的事情,问道:"那他还说了别的吗?"豆子说:"倒没有其他太多的事了,不过他说,如果可以,这些寂寞跟着自己,总比让它们跟着家人好。"

第二天一大早,豆子便看见上吊的哥哥,那一刻,哥哥并没有露出什么难看的神情,反而是非常安详和放心。

我望着豆子,竟说不出话来。

"你哥哥以前和我讲过一个故事,他说,在遇见大象之前,我们只计划着吃一头牛,后来,却无意中发现世上有比牛更庞大的大象,于是,我们放弃了牛,去吃了大象。然而,原本我们吃牛肉可以满足,却不知不觉将大象吃到了肚子里。肚子填饱之后,我们再吃,吃的不是食物,而是吃了一肚子寂寞。"

我说:"如果有一天,他们告诉你,你可以回家了,你会回去吗?"

"我想,可能很难吧。即使现在踏出这间房,我也觉得是很难的事情。一个人生活,在哪里都一样。何况,房间里的寂寞足够多,我应该不会太饿了吧。"

我突然想起,在我上小学的时候,哥哥曾和我说,人之所以会出行,是为了觅食,这是人外出行走的唯一原因。

最好的债

贺新凉在下午茶时间听到同事说起商场的打折货时,才意识到自己已经很久没有出门逛过街了。

下班时分路过公司附近的蛋糕店,看见穿着校服打闹的两个女生,她不禁微微叹了一口气。甚至连自己也弄不清楚在感慨什么,她好像每天穿梭在这庞大的水泥森林里找不到一个合适的落脚点。朋友,应该是没有什么朋友;工作上的同事,其实并没有那么多知心的话题,顶多是午休和班组聚会,这些都是场面客套的浮光掠影。她周末也极少去参加公司组织的活动,因为住址靠近郊区,周围有超市和便利店,基本能够解决生活所需;也不愿意搭乘地铁专程去一趟市中心,每天都是匆忙地上班打卡,疲惫地下班回家,连办公楼周遭的夜景都没有来得及好好看几眼,这匆匆一瞥的不像是流动的风景,而像是时光。

最后,贺新凉揣测,之所以叹气,大概是好多年前,自己也有过陪伴左右的知心朋友,一起牵手上厕所的女伴,上课咬耳朵说心事的同桌,周末可以一起逛街拍大头贴的朋友。呵,想着真有趣啊,她那时候对于大头贴还痴迷过一阵子。而后流逝的日子里,那些刻意而做作的表情都淡化在了成长的过程中。

然而在此刻，真正让贺新凉第一时间回想起来的，反而不是某个亲密的女生。她记得那年大雪纷飞的操场上，奔跑过来的身影又高又大，把她笼罩在了其中。

贺新凉之所以会想起沈实来，倒并不奇怪。那一年全校超过一米八的男生屈指可数，而沈实就是其中之一。总是坐在角落的他，只要一站起身来回答问题，全班同学都会把头转过去。他一直嫌座位太小，脚伸不开，于是班主任还专门给他换了一张大桌子。

而那时候，贺新凉和沈实并不算太熟，只是有两三次被分到同一个化学实验组。

贺新凉记得她当时最好的朋友是小鹿，现在回想起来，她之所以和小鹿结盟，完全是因为那个物资匮乏的年代，小鹿太过耀眼。因为她家中有两个姐姐，所以总能够穿上靓丽的衣服，对于渴望时尚的大部分女生来说，小鹿有着引领众人的气质。那时候的小鹿性情乖张强势，喜欢的东西务必要得到。而那一年，小鹿就是这样毫无头绪地喜欢上了沈实。

当贺新凉知道这件事的时候，沈实已然拒绝了小鹿。小鹿哭哭啼啼地把这件事告诉贺新凉，原因是沈实已经有了心仪的对象。那个女生叫作卓婷，是隔壁班的语文课代表。小鹿抓住贺新凉的手说："我要去报复。"

那时候年少无知，她不知道为什么做起这样的事情来竟然觉得刺激而有趣，贺新凉就这样与小鹿结成盟友去刻意接近卓婷。沈实生日宴上，贺新凉也是第一次见到卓婷，只是那漫不经心地一瞥，贺新凉便知道了沈实拒绝小鹿的原因。

卓婷第一次见贺新凉就道出了她的名字："我认识你，你是贺新凉。"当时贺新凉诧异地看着她，卓婷紧随解释道："每次你都是你们班语文最高分，而且，你的名字是苏轼有名的词牌名。"卓婷的声音很细很轻，徐徐、温柔、动听。贺新凉羞涩颔首，进而说："我数学可是烂得一塌糊涂。"

宴会结束之后，小鹿用力拍了贺新凉一把，说："那姑娘真是一点儿防备心也没有，一下子就和我们亲近了。"这时贺新凉突然问小鹿："你想怎么复仇？"说实话，从十七八岁的孩子口中说出这种沉重的字眼，怎么都显得语气尴尬。小鹿说："想方设法，总之，让他们分手。"

而后一个月，贺新凉突然接到通知去参加市级的作文比赛，同行的，还有卓婷。

就是那个时候，贺新凉很难去站在小鹿的立场思考问题，甚至发现自己内心深处并没有像小鹿一样嫉妒她。在去往市区的长途汽车上，卓婷并不像大多数女生那样聒噪地与她攀谈，也没有刻意去炫耀自己与沈实的感情，她只是简单地给贺新凉鼓气，让贺新凉觉得安心，那种语气听起来并不虚伪。最终虽然贺新凉并没有获得最好的成绩，但她却对卓婷有了另一番看法。

卓婷像是突然和她走近，猝不及防地成了朋友。在小鹿的眼中，一切都像是按计划中进行的一样顺利，但是贺新凉却突然意识到自己成了小鹿心中报复别人的工具。她好几次暗示小鹿，卓婷并非她想象中那样，但小鹿却一直耿耿于怀，不肯放弃。她说："小凉，你就是要抓住卓婷背后虚假的一面，然后给她暴露出来。没有谁是那么完美的，绝对没有。"

贺新凉从睡梦中醒来,已经过了凌晨。因为太累而随意倒在沙发上,电视里重播着刚刚已经播完的选秀比赛,周遭的一切已经呈现出一种不可肆意而为的寂静。她起身走进厨房,倒了一杯水,客厅的钟刚好敲响一点。

贺新凉回想起还有一个月就要高考的时候,小鹿突然问起她考大学的事,然而贺新凉却没有告诉她实话。当时贺新凉已经打算好了和小鹿就此分别,但小鹿却似乎并没有打算因毕业而终止这段友情。

没多久,卓婷就收到了一系列的骚扰信,大部分都是辱骂她的话。卓婷把那些信交给贺新凉看,贺新凉面红耳赤,略显紧张。卓婷说:"你紧张什么?莫非是你写的?"随即转瞬一笑。贺新凉当然知道卓婷只是玩笑话,但她还是一眼就能认出上面的字来。这时卓婷突然低声对贺新凉说道:"这些信也真够无聊的,不过之前更狠的我也见过。"

"什么?"

"直接在我抽屉里扔死老鼠什么的,哈哈。"

"你怎么听起来一点儿也不担心。"

"担心什么呢?"

贺新凉没有继续说下去,这时沈实在走廊等卓婷一起去食堂吃饭。卓婷把信扔进了垃圾桶,拉着贺新凉的手说:"走吧,和我们一起。"

贺新凉是什么时候真正把卓婷纳为自己的好友的呢,那应该是高考的那几天。因为所有学校统考,必须去市里,连着两三天,学校只负责联系住宿,但是并不具体安排。当时卓婷对贺新凉说:

"我家在市区有房子,你直接来我那里住吧。在小旅馆怎么能睡好呢?多影响发挥。"

就是那个时候,贺新凉突然感受到一种亲密的温暖,与小鹿不同,卓婷不需要故意附和也不需要刻意照顾,顺其自然交往就很舒服。夜里贺新凉和卓婷睡在一起,卓婷说:"你是那种好姑娘,我觉得你应该会很幸福。"时至今日,贺新凉也不知道卓婷为什么会一开始就对自己那么好,掏心掏肺地把自己当朋友。这时贺新凉忍不住问:"毕业了,你和沈实怎么办?"卓婷略显诧异,又笑着答道:"不知道啊,这种事,听天由命吧。"卓婷翻身,看着贺新凉问:"你呢,有喜欢的人吗?"贺新凉摇摇头,卓婷继续说:"那你想好念哪里的大学了吗?"

"想好了。"当贺新凉亲口对卓婷说出心仪的学校时,竟是毫不遮掩的,这样的自然在小鹿面前却是完全表现不出来的。

最后不知道怎么,卓婷居然又把话题放回到了沈实的身上:"沈实倒是常提起你呢,做实验啊做卫生什么的。"

贺新凉不禁抱怨道:"他就是懒啊,从来都不做,等我做好之后把我的数据抄过去。我俩原本也不熟,他还时不时过来找我要抄作业。有时候和他分到一组做卫生也是,他基本上就是个甩手掌柜,什么都丢给我。"

"是吗,不是挺好吗?"卓婷不禁一笑。

"好什么?"

"有种暖暖的依赖感啊。"卓婷笑着捏了捏贺新凉的脸,说:"快睡吧,明早还要早起去熟悉考场呢。"

对于贺新凉而言,最紧张的还是考数学的前一晚,因为她数学太差，好多题目都不会。卓婷看着贺新凉着急，便帮她把重点整理出来，一步一步地给她讲解。贺新凉看着卓婷："原来是这样，之前好像一直弄错了。"卓婷说："这种题经常考的，你要记下来。"

考试当天居然真的考到了类似的题目，贺新凉一开心，笔都有些拿不稳了。

高考结束的那天晚上，全班到学校附近的酒家聚餐，沈实喝得特别多，蹲在角落里。小鹿说她去帮沈实买点儿醒酒药，让贺新凉帮忙看着他。贺新凉蹲下身来，第一次仔细打量眼前这个男生，就是这个时候，沈实突然抬起头，一把抱住贺新凉，深深地吻了下去。贺新凉使劲挣扎，一个趔趄，坐倒在地上。而这一幕恰巧被小鹿看到，醒酒药落在地上。她走过去，狠狠给了贺新凉一巴掌。

贺新凉有很长一段时间没有出门，她突然不想和任何人相见。其间卓婷打过来两三次电话，贺新凉没有接，她看到来电显示，就直接挂掉了。因为卓婷帮忙补习的关系，她最终还是考上了心仪的大学，不是太好的本科，但是去到了她喜欢的城市。她原本打算与过去好好告别，重新开始一段新的人生，却在不久后遇到了沈实。

她在宿舍楼下的便利店买东西，抬头就看见那个高大的身影挡住了自己的视线，她还没有来得及看，对方已经叫了她的名字。

"贺新凉？"

或许沈实早就忘了毕业那晚的尴尬，也或许他根本就不记得自己做过什么，贺新凉只是和他简单寒暄便离开了店铺。

军训会操的时候，沈实作为领队站在最前面，贺新凉一眼就看见了他。那天晚上贺新凉在食堂打饭忘记带饭卡，沈实站在她身后把饭卡递给她。她原本想拒绝，沈实却说："老同学，你不是吧？

当年我还老是麻烦你呢,一顿饭我还是请得起的。"贺新凉任凭沈实夺过饭盒,帮她打饭。

虽然心中还是有芥蒂,却没有之前那样尴尬了。新的环境里,遇见旧识,也算缘分。有时候沈实和朋友出去玩,也会约贺新凉,虽然十次有九次她会拒绝,但总有一次她会妥协。

好几次她都想问沈实与卓婷现在怎么样了,因为暑假之后她彻底与卓婷断了联系,而想起那些被卓婷照顾的日子,心里却有些难过。学期末沈实叫了几个哥们儿聚餐,硬是拉上了贺新凉,兄弟几个开玩笑说:"这未来嫂子真不错。"贺新凉脸一红,不说话,沈实立马喝令他们闭嘴。那夜大家都喝酒,贺新凉也被灌了两杯,回宿舍的路上,贺新凉觉得有些冷,沈实把外套脱下来披到了她身上。那是十九年来第一次,有男生主动的呵护。贺新凉忍不住拉住沈实问:"卓婷呢,你们怎么样了?"沈实顿了顿说:"挺好的啊,她在北京。"贺新凉继续问:"那你不想她吗?"这下沈实没有再说话。

贺新凉在图书馆自习的某个下午,突然想起卓婷来,那个亭亭玉立、落落大方的女生。她突然想给卓婷打个电话,问候一下她。于是贺新凉跑到沈实的班上去找他,沈实说他也不知道卓婷的电话。贺新凉诧异地看着他:"你怎么能没有呢?别人都可以没有,但你绝对不能没有啊!"沈实望着她,突然摸了摸她的头,说:"有些事,不是我想,或者不想,就能决定的啊。"

圣诞节的晚上,女生宿舍楼下有人点蜡烛表白,贺新凉卧在寝室里听见楼下那群男生的叫声,其中一个很熟悉,就是沈实。大部分女生都跑出去看热闹,只有贺新凉还在床上一动不动。这时隔壁寝室的女生终于被叫下去了,最终皆大欢喜,他们成了情侣。

有一天,小鹿突然从网上联系到贺新凉,小鹿很得意地说:"你知道吗,沈实和卓婷分手了,不过我觉得我现在一点儿也不喜欢沈实了。我恋爱了,你呢?"当贺新凉看着这句话的时候,心里非常难受,她打了一行字过去,说:"我觉得你是我见过的最差劲的人!"发完那条信息,贺新凉就关掉了电脑。上床的时候,贺新凉突然收到一条信息:"小凉,你睡了吗?我是卓婷。"

好多时刻,都是这样的巧合,心里想念的人或事,在下一刻立马出现在你的面前。贺新凉突然坐起身来,拿着手机,好像有很多话想和她说,却一下子不知道说什么好。这时卓婷又发了一条信息过来,她说:"我想和你说说话。"

贺新凉顺着卓婷的电话打过去,突然听到她柔弱的声音:"是小凉吗?"

"是!是我!卓婷,你好吗?"

"怎么说呢,不怎么好,我怀孕了。"

那一天晚上贺新凉并没有从卓婷那里听到太多的事,她支支吾吾没有说太清,她只是说她在医院,不怎么舒服,想找个人说说话。

贺新凉第二天找辅导员请了假,买了火车票去北京,然而她再打卓婷的电话,已经没有人接了。她在东直门附近出地铁,找了一家小面馆,坐在那里给卓婷发信息,最后手机也没有电了,她与卓婷彻底失去了联系。

在酒店充好电后的第二天,终于打通了卓婷的电话,但是接电话的不是卓婷,而是她爸爸。原本不足为外人道的事情,却因为卓婷电话上备注的贺新凉的名字是"亲爱的小凉",他才放松警惕,大致讲了一下卓婷的事。据说卓婷被一个男生骗上床了,有了孩子,男生不承认,卓婷自然去打胎,为了掩人耳目,找的不是什么正规医院,所以卓婷因为器具不洁感染了,现在正在医院。

贺新凉赶到的时候,卓婷的父母正站在病房外,他们神情沉重,几乎说不出话来。后来贺新凉知道,卓婷比想象中的情况严重,可能不能再做母亲。贺新凉站在卓婷旁边哭,卓婷却并没有那么难过,她让贺新凉坐下,她只想和她说说话。

"卓婷你为什么啊……"

"什么为什么?这种事有什么为什么,你说是吧。"

"可是……你不爱沈实了吗?"

卓婷突然收了口,抓着贺新凉的手,安静地和她说:"小凉啊,到今年,我和沈实已经认识十九年了。我们一岁开始就在一起玩,因为我大他几个月,他永远都习惯让我罩着他,即使有女生表白,也喜欢把我拉出来当挡箭牌。"

"你们……"

"但是你说,这么多年了,我又怎么能把他当成一个普通朋友来看待呢?那时候我想啊,什么时候他能够发现我的好呢?我等啊等,直到有一天,他和我说,他喜欢一个女孩子,却开不了口,后来,我为了他,和这个姑娘成了朋友。"

"你是说……"

"从我第一眼看见那个姑娘的时候,我就知道,他为什么喜欢她了。我一步一步地亲近她,做什么事都尽可能拉着她和沈实一起。渐渐地,我发现她真的是一个好姑娘,后来我和沈实说,如果可以，务必要好好对她。但是到现在，他都没有说出口，你说他，是不是很傻呢？"

"那你不是更傻吗？"贺新凉忍不住开口，"高中那会儿，你知道有多少人讨厌你吗？像你这样无条件地为别人，最后得到了什么呢？"

"不知道……我只能说，这个世上，永远有那么一些人，他们不求回报无怨无悔地要对另一个人好，说不上原因，也道不明理由，只是觉得好像每一次的付出是一种偿还。不去做，反而不会心安，可能这就是一种债吧。"

贺新凉突然间想起很多事，想起第一次在沈实生日宴上遇见卓婷的情景，想起好多个傍晚时分三个人坐在食堂吃饭的情景，想起卓婷给自己讲题目，在卓婷家过夜的情景，想起毕业那个晚上沈实抱住自己吻上来的情景，那些蜂拥而至的记忆让贺新凉一时间应接不暇。和卓婷相比，贺新凉突然觉得自己当初怀着那不纯的目的接近卓婷有多么肮脏。

"小凉，你是我最好的朋友，沈实也是。"

贺新凉记得那是大二期末的一个冬天，她从图书馆出来，外面飘着鹅毛大雪，她没有带伞，戴上连衣帽准备往回赶，因为路上的雪太滑，她一不小心摔进了坑里。当时天寒地冻，那个高大的身影出现在自己面前，她一抬头，就看见了沈实。那一路，沈实把她背在背上。

贺新凉和卓婷在电话里聊天往往极少提起沈实的事，虽然有时候卓婷会旁敲侧击地问及沈实，但是贺新凉都选择不提或者转移话题。

有一天早上，贺新凉下楼，准备去教室上课，沈实已经靠着单车在楼下等她。

"你这是？"

"以后我带你去教室，你们班的课表我从学校教务打印下来了，你放心，我不会迟到。"

贺新凉看着那个大男孩傻傻的表情，突然有些动容，但她没有上沈实的车，而是继续走路。沈实没有追上去，但是第二天却继续出现在她宿舍楼下。连着一周，每天都按时出现，最后贺新凉问沈实："你这是干什么呢？"

"我不知道。但是，我觉得你一个人太久，总有一天会累的，我的车等着你。"

贺新凉和卓婷说起这件事的时候，卓婷淡淡一笑，她说："这小子终于开窍了。"贺新凉问卓婷："那么，我应该和沈实在一起吗？"卓婷说："该来的总会来，问不了别人得问自己。"

那个夜里，贺新凉坐在沈实的单车上，靠在他的背上，第一次，她突然感觉到累。那是她二十岁时收获的第一份爱情，也是贺新凉印象最深的一段回忆。

然而，贺新凉在某一天拨打卓婷电话的时候，发现对方的电话已经是空号了，无论用什么方式也联系不上她。贺新凉跑到沈实的面前，突然大哭起来。沈实抱着她，问她怎么了。她一时哽咽，说不出口，她好像失去了什么重要的东西。

就这样，卓婷消失在了贺新凉的世界里。

贺新凉知道卓婷离开的原因，也明白这样的不辞而别代表着什么，但是她没有办法去接受卓婷所偿还的债。

多年之后，贺新凉会想起她与沈实在一起的日子，虽然并不长久，却格外铭心。沈实在大雪天守在宿舍楼下的那些日子，贺新凉抱着脚不愿出去的日子，贺新凉突然有些后悔告诉卓婷，如果能够让卓婷更安心一些就好了。

毕业之后，沈实去了加拿大，时不时会给贺新凉发一条信息，他一直不懂当初他们为什么会分开，还是从一开始就没有在一起过。贺新凉没有回答，也没有删掉那些信息，直到有一天，她被偷了手机，在追逐小偷的过程中，她大哭起来。她知道那种感觉，就像是当初卓婷消失时一样。

后来换了手机补了卡，却很久没有收到沈实发来的信息了。

贺新凉还是会听同事讲八卦，随即附和笑笑，下班后回到自己蜗居的小屋，躺在床上，一卧不起。她想起卓婷说的话，那些总是在还债的人。而自己所欠下的，今生无缘，可能只有等到来生再还了。

时钟在两点敲响的时候，贺新凉靠在沙发上，蜷缩成一团。她想象着卓婷一面付出一面露出幸福微笑的样子，卓婷说："所有付出都是值得的。"贺新凉想，那或许就是她下辈子的模样。

不要等到需要我，你才有空说声"嗨！"

我其实对草间弥生的作品无感，或许我有轻微的密集恐惧症，所以彦彦约我去看的时候，我果断拒绝了。他的语气稍显无辜，说道："无论如何，你得陪我一个下午。真的，我难过死了。要是你不乐意去，我们可以去外白渡边上喝啤酒。"我们当然可以去外白渡边上喝酒，但是为什么一定要因为难过而去呢？我说："你又怎么了？没有听说你恋爱啊，怎么一副失恋后要死不活的样子？"彦彦说："比失恋更可怕。你来了就知道了。"

最终我们没有去外白渡边上喝酒，是因为我觉得天气那样好的下午，不应该跑去人来人往的地方做这种事。既然心情不好，就得找一个私密的地方。我让彦彦坐地铁到了镇坪路附近，那里有一家我经常去的台球室。

我运气很好，一杆进了仨。彦彦却连球都碰不到。"你到底怎么了？从一开始到现在都不说话，一直拿着球杆出气。"彦彦是个文艺的美男子，或许是没有如他愿，跑到了这么偏的地方玩台球，所以还堵着气。

他看了我一眼："算了算了，不打了，想想就心烦。"说罢便收了台球杆。

"那你说啊。"

"说了你也不明白。"

"你不说我更不明白。"

"周,我问你个事儿。你说会不会有一天,我们俩突然就闹掰了,然后老死不相往来。"

"没准儿。"

"为什么啊?我们认识这么多年了,这种比激情更坚定的感情,既没有小三,又没有劈腿,为什么会突然就闹掰了呢?"

"可能是人出了问题。"

彦彦说得倒没有错,细细算来,我们认识也有六七年了。从大学同学到工作,时间并不短。或许不能说完全看透对方,但也基本上了解了彼此的脾性,清楚这样的人是不是可以纳入自己的朋友圈,也明白今后会不会继续参与彼此的人生。在我看来,如果有一天我们友谊走到了尽头,我想,只能是人出了问题。好比我们变了,变得自私自利,变得不再愿意去包容对方,或者病了,死了,或者被迫消失在彼此的世界里。除此之外,我想不到别的理由。

彦彦拉着我挤进一家星巴克,在靠窗的地方找了个位置:"我跟你说,就在昨天,我一个非常要好的朋友突然不理我了。她电话不接,信息不回,整个人就像完全消失了一样。但实际上,我知道她在。不管我再怎么联系她,她都不回应我,但是朋友圈也好,空间状态也好,微博什么的她都照常更新,可是就是拒绝和我说话。"

"你是惹到她了吗?"

"没有啊！如果真的是发生了矛盾也还好，至少明白问题出在哪里。但是最头痛的就是根本找不到头绪，问题却摊在面前。"

"那到底是哪里出了问题？你有没有回头想想，你们最后一次联系是什么时候？"

"上周吧。我记得我和她说我的画可能周末要在美术馆展出，让她抽空来看一下，仅此而已。"

"不过说来说去，这个她到底是谁啊？"

"呃，田小静。"

"你不会是喜欢上她了吧？"

"说实话，喜欢真的算不上。但是怎么说呢，我们也是已经相识一两年的朋友了。她有男友，你也知道，所以我根本没有往那方面想过。至于她对我，也看不出什么动心的样子。有时候独处，我可以随意和她讲很多事情，甚至比和你在一起的时候还要轻松，就是这样的存在，久而久之，我对她有一种说不出的依赖。且不说我是不是真的得罪了她，要结束这一段友谊，关键是即使杀头，我也想知道自己到底犯了什么罪啊。"

那天夜里，我给小静发了一条信息，我不希望她把我当成彦彦的说客，所以没有直接询问下午讨论的问题。我问她："是不是最近心情不好？"小静很快就回复了我："我心情挺好的，倒是彦彦心情不好吧。"一语中的，我也就直言不讳了："他惹到你了？"手机一直显示对方正在输入，但是十分钟过去了，小静也没有发过来一条信息。最后小静说："三言两语也说不清楚，不如明天约到中山公园吧，你请我吃饭。不过，不准带他来。"

小静点餐很随意，没有特别喜欢的食物。我看着她，微微笑道:"到底怎么了?"

"没怎么,只是觉得我和他应该不能做朋友。"

"怎么说呢,之前不是挺好的吗?"

"或许是吧,不过我想那或许只是错觉。"小静点的餐很快就上来了,"就好像你每次靠作弊考了一百分一样,其实肚子里一点儿东西都没有。"

"我不太懂。"

"周,我问你,你有没有遇到过这样的情景?手机也好,其他通信工具也好,总之翻开联系目录会发现那些名字远比你记忆中的多,甚至有一天你会发现上面还有一两个你根本不记得的名字,也可能有重复的名字让你根本不知道谁是谁。有一天,我有一件要紧事,应该是特别紧要的事情。我记得当时我忙坏了,领导要我找一个策划文案的人,我仔细想了想,我的朋友中确实有擅长这个的,Shary就是4A公司的主管。但是,当我点开她名字的时候,我才发现,我手机里有她四个号码,而我根本不知道她在用哪一个,当我一个个打过去时,最终被告知,机主早就换掉了。那样的尴尬局面我至今还记得。"她顿了顿,说:"你懂吗?"

"似乎懂了那么一点儿。"

"我有过一个好朋友,不管对方是否把我当作她的好朋友,但至少我自己是这么认为的。念书的时候,我们总是牵着手上厕所,有什么话也会和对方说,甚至我觉得形影不离都不能完全形容我们当时的状态。但是后来,怎么说呢?大学之后,我们就这样失去了联系,甚至她的QQ头像在我的列表里再也没有亮起过,但是我却一直看着她更新状态。所以说,其实她一直都隐着身,只是我们真的没有再说过话。有一天，她突然和我说话了，她说她要结婚了，想给我寄请柬。原本是件开心的事情，但是，我却回应她说我可能没时间去。我不知道为什么当时我会这么说，那一刻我觉得，我们完了。"

"哦，不过我不太懂，这和彦彦有什么关系。"

"彦彦喜欢和我在一起，很多时候他都会把他画的图给我看，每次有新的灵感，也会立马和我分享，他会说'你帮我看看，我这里是不是不该用冷色调'，又或者说'这幅画我可是花了一晚上时间想出来的'。我除了表扬赞赏偶尔提提意见，陪他逛无聊的画廊，真的没有别的事可以做。有一天，我仔细想，才发现，原来除了需要我的时候，大部分时间他都不会和我说别的话。但凡手机响起来，或者信息发进来，他只会让我看他想要我看的东西，遇到节日也好生日也好，发祝福的人永远是我。我想朋友之间不应该是这样的。或许我应该无条件地鼓励他支持他，但是，我并不是他的崇拜者。"

小静有些动容，她喝了一口茶，调整了一下自己的情绪："就像和我那个朋友一样，以前我也总是觉得我们的关系很好，好到世界上再也找不到人来替代她了。但是不对，仔细想想，其实我们根本没有和对方一起经历太多的事，只是那时候彼此都没有别的朋友，能聊到相同的话题；她喜欢看书，我也喜欢，于是我们经常交换各自的书来看，聊的也都是书上的内容；而关于生活的，一概没有。这样的友谊是很危险的。"

我们沉默了一会儿，我问她还要不要点什么喝的，她说："就柠檬茶好了。"说到这里，她又笑着补充了一句："彦彦总是请别人喝咖啡的,从来不会请喝茶。"

"那么,我觉得你应该和彦彦说清楚,至少让他知道问题所在……"

"可是,我没有办法说啊……怎么讲呢,我们原本就是朋友关系,却突然被我用这样的理论质疑,会让彦彦觉得我想法有问题。当然,包括在和你说这件事之前,我也做好了被当作'作女'的准备。或者说你其实也不能完全理解我的内心想法,但是我知道,一旦我把真相说出来的时候,就立马会被对方当作精神病一样看待,包括彦彦,也多半会说出'我没有这么自私'的话来反驳。后来想想,不如索性让彼此冷静一下,看看横亘在两个人之间的是不是真的只有'需要'这种关系而已。"

与小静预想的恰恰相反,我并没有什么理由可以反驳她。就如她所说的,我的手机里也有上百个电话,但是平时我基本上不会跟任何一个人联系,即使过年过节,也会筛选出一部分,给想要联系的人发信息。那些躺在手机里的名字,可能四五年都不会在我的生活圈子里出现。但,往往也有小静所说的尴尬局面,突然意识到某个人在某个事件中是可用的,才问候一下对方"最近在干吗",或者干脆单刀直入,最后只会惹来对方的敷衍。有时候也会反过来,明明已经长久不联系的人,却突然来搭讪两句,不是借钱,就是要结婚了。

而这样的朋友,真的还能算朋友吗?可为什么平日连基本问候也不会有一个呢?如果不是朋友,为什么又要把对方的名字保留在自己的列表中呢?

这个问题其实我不是第一次考虑,每当我打开社交软件,看着列表中密密麻麻的名字时，也单单只是看看他们而已。黑色的、彩色的、曾经隐身的、现在在线的，我才发现，自己根本不知道该点开谁。如果仔细去看，我发现那些曾经看重的人，我们之间的聊天记录，一开始那么有趣，慢慢变得寥若晨星，到最后好像只剩下零星的表情了。

朋友之间的问候，往往并不是真的要等到需要对方的时候才有一句话，更多的时候可能他需要的是，得知你也在关注他而拥有的一种踏实的存在感。年初的时候，我清理掉了QQ上那些五六年都没有和我说过话的人，到最后，我才发现，原来我留下的不到五十个人，曾经臃肿的列表一下子好像轻松了起来。

回家的时候，小静和我坐在地铁上，她看着那些站着拉吊环的人，说："你绝对想不到，他们中的人可能某一天会闯进你的生活，但是，你更想不到的是，他们或许很快又消失在你的生活中。因为有时候一声'嗨'可以打开一个交往的缺口，但是下一声'嗨'可能就是你们友谊结束的问候。"

地铁轰隆轰隆作响，我看见彦彦的信息不断闯进小静的手机里，但小静只是淡然地解锁手机，看着那些重复不断的询问，再次陷入沉思之中。

所有的胖子都是有前途的

/ 1 /

我和L说:"我的精神世界如此贫瘠。"L指了指路过的穿着高跟鞋的高三(8)班的年轻女老师,说:"你若懂得色眯眯地去看一个女人时,恭喜,你成了一个男人。若你成了男人,你的精神世界就会膨胀得无与伦比。"

自我认识L那天起,他就把"女人女人"挂在嘴边。L说:"我们都是下半身动物,自我们开始发育时,下半身总是比上半身发育得快多了。"L把这句话写在周记里,然后被班主任罚站了一天。

那时候L拉着我跟在女生后面走,看见漂亮女生就吹口哨。他把两个手指屈起来,放在嘴边,和我说:"这样,这样的。"然后我们变成了女生眼中的小流氓。

然而还没有发展到可以亲近女人的地步,L就被老师狠狠地警告了。

这个故事里总是要出现点儿戏剧化的人,比如朱莉莉。说起朱莉莉,高中教学楼里的男生都认识她。用L的话来说,真是再没有见过比她更胖的女生了。

原本朱莉莉可以平凡地度过她的高中生涯、大学生涯，乃至今后的一辈子，但转折点是，她喜欢上了我。那天朱莉莉晃着她臃肿的身体从我与L身边路过时，L说："我觉得她今生最适合去日本嫁给相扑选手。"而在朱莉莉回头瞪L的时候，我说了一句："她哪有那么胖？"

接着是语文考试的时候，我的中性笔没有墨水了。在焦急万分的时刻，前排的朱莉莉用顺风耳听见了我发出的SOS急救信号，主动借了一支笔给我。从那一天起，朱莉莉就自作主张地把我列在她的好友名单之中了。

而那时候，我们班有个漂亮的小妞叫W。说到W，她是我和L共同的初恋情人。我和L的初恋很悲摧，我们的初恋都是暗恋。那时候L说："像W这样的女人在M中太少了。"随即我说："像朱莉莉这样的女生同样少。"据说这话传到了朱莉莉的耳中，她想着我能够把她和W相提并论，无疑是对她的一种赞美。于是从那天起，我顺利从她的好友名单里逃出来，又悲剧地被她列入了暗恋名单之中。

/ 2 /

我和L说："我也不清楚这样算不算暗恋，毕竟我知道她喜欢我，只是她从来没说。"L的目光没有从W的身上移开，他注意到今天她穿的是白色短袖上衣，下面是牛仔裙，而一到夏天，白色穿着的女子都是最容易走光的。我不再去管L，自顾自地看起书来。

这时朱莉莉走过来接水（饮水机正巧在我座位附近），挡住了正在观赏美女的L，他朝着朱莉莉大吼了一声："胖子，一边去！"结果朱莉莉就更不愿意走了。实际是她的身子好像被嵌在了两个桌子之间，她端着水杯，进也不是，退也不是。其实，只要稍稍挪挪旁边的桌子就行了。但L气急败坏地推了她一把，朱莉莉一个踉跄，水杯翻在了L身上。

那天L被班主任叫出去了，罪名是辱骂班上女同学。

湿漉漉的L站在7班的大门口，我趁休息时间出去与他闲聊，生怕他寂寞。谁知L得意扬扬地说："我最喜欢罚站了，这样可以看着下面操场打排球的女生。"他说着就笑了，嘴巴翘上去看起来很邪性。

谁知班主任就站在L身后，狠狠地指着L的鼻子骂："你再这样无法无天我就把你妈叫来，看你还能怎么野？"

班主任总是能戳到别人的痛处。L的爸妈在他小时候就离婚了，L跟他妈相依为命多年。他妈是开面馆的，辛苦工作就是为了供他念书。L什么都不怕，最怕的就是他妈哭，但凡老师一请家长，他妈就会哭。

朱莉莉主动来找我说话是在周五的一个傍晚，她走在W的后面。我原本是在等被老师扣留的L，却等到了朱莉莉。她看了我一眼，往前走了几步，突然又掉头回来。我看着她圆乎乎的脸，比皮球还要鼓。她说："陈浩，我当你是朋友，你不要再和L一起玩了，他是个烂人。"

接着L从楼上下来了，朱莉莉很不屑地"哼"了一声就走了。

L凑上来说："我发现朱莉莉真的挺喜欢你的。"

我说:"你干吗这么说?"

L就笑道:"除了你,我没见过她和哪个男生搭过话。"

/ 3 /

一个星期前,学习委员终于耐不住寂寞向W表白了,那时候其实包括我和L在内,班上大部分男生都喜欢W。在学习委员被众人调侃的时候,W却出人意料地答应了他。事后L和我说:"我就觉得我们早该去说的,我说也好,你说也好。亏了亏了,好白菜都让猪拱了。"

期中考试后,老师进行了座位的重新编排,L幸运地坐到了W旁边,而我很不幸地坐到了朱莉莉旁边。老师说L的成绩太差了,再这样下去,连职高都上不了,W成绩优异,所以进行一帮一的带动。而朱莉莉是她自己主动去和老师申请的,她平时很少和老师提要求,所以她一说,老师便答应了。

我和朱莉莉同桌的日子,也没有我想象中的那样备受煎熬。早上她会带一个鸡蛋过来给我,她说她爸要求她每天吃两个鸡蛋,但是她只能吃下一个,而且她要减肥,就不顾我吃没吃早餐,一把塞给了我。上完体育课,汗流浃背的我会得到朱莉莉送的一罐可乐。晚餐的时候,朱莉莉会把她带来的红烧排骨给我。我问她为什么不吃,她说她要减肥,叫我不要老是问这个问题。

其实朱莉莉对我挺好的,但是我还是和她说:"其实我喜欢W。"

朱莉莉一边做习题一边不屑地"啧"一声,然后没好气地说:"W是全班最没主见的女生,别人说什么她都信。一群没眼光的人!"

果不其然,一周之后,W甩掉了学习委员,和L走到了一起。W迈着她曼妙的步伐,身姿摇曳,那个时候全校没有一个女生能够走得出来。L揽着W的肩膀,然后招摇过市地从我面前走过。他说:"陈浩,你看,现在W是我的女朋友了。"

L恋爱之后,花钱如流水,他每天买一包中南海,然后给W买零食,后来W的文具也归他买,再到后来W的衣服也归他买了。L说:"陈浩借我点儿钱,我快撑不下去了。"

我从银行卡里取出了我所有的储蓄,全部借给了L,可是一个月后,L就告诉我,钱全部花完了,让我再想办法借点儿。我没出息地找了朱莉莉,因为我知道她一定会借。到后来,朱莉莉很生气地说:"陈浩,你是在利用我!"当她把"利用"这两个字说出口的时候,我觉得我很难受,可是她没有说错。次日,我不敢抬头看她,可是她却仍然把鸡蛋塞给我,然后递给我一百块钱。

我把钱给L的时候,L帮我点了支烟,他说:"兄弟,这才叫兄弟。"我说:"这钱是朱莉莉的,你省着点儿花。"L就咧嘴笑了:"朱莉莉和你什么关系啊,主动借钱给你?"我吸了口烟,然后说:"没什么关系,同桌而已。"

/ 4 /

不是我绝情,处于十七岁荷尔蒙分泌旺盛的青春期,没有哪一个男生愿意把自己的初恋交给朱莉莉这样的女生。我很懊恼,我为了兄弟欠了朱莉莉一个人情。我知道朱莉莉就是想要这样的效果。因为我欠了她一百块,所以很多事情必须听她的。朱莉莉说:"陈浩,你不要抽烟。"于是我每次从厕所回来,她都像狗一样嗅我的衣服,然后拍拍我的头说:"嗯,挺听话的。"

L之前买中南海,后来买红双喜,再后来,他已经没钱买烟了,就在厕所蹭烟抽。而我,自从被朱莉莉监视之后,三分钟往返厕所已经成了习惯。L之前会和我朝着女生吹口哨,但是现在他不吹了,有一次他差点儿吹,就被W拧了耳朵。而我,没有L带头,其实什么都不敢的。我们都朝着两个方向在行走,回头看,发现离对方有些远了。

L没有还那一百块给我,于是我继续欠着朱莉莉一百块,因为我欠着朱莉莉一百块,所以我继续听着朱莉莉的话。

月考结束后,我、朱莉莉、L和W都被班主任叫去谈话了。

然而,我和朱莉莉得到了老师的表扬,而L和W被老师骂得狗血喷头。

班主任说:"L,你自己成绩差就算了,起初还想带动陈浩和你一起疯,你要我提醒你多少遍,你妈啊……"然后班主任又转向W:"W,我当初是想你带动L好好学习,结果我听说你们俩恋爱了?W,老师对你那么信任,你居然做出这样的事情?"

这时W站出来一边抹眼泪一边指着L:"是他,都是他害我的。我说我不想,他非逼我,说我不答应,就打我,欺负我……"

W哭得班主任都心软了,我见L黑着脸看着W。看着L辛酸的表情,看着老师把矛头全部转移到L身上时,我知道L不会说那些话,我很想帮L说两句,朱莉莉却拉住了我,她说:"这些事,你别管。"

我得听她的，因为我还欠她一百块钱。

L和W分手了，没有哭闹，没有骂人。他说他想讨根烟抽，但是没钱了。L说："我把我的爱和钱等量投进了这个旋涡，最后才发现，那不是旋涡，是黑洞。"那天，我们俩在厕所蹲了很久，也没有一个人进来抽烟，最后L说："想来想去，我都亏了。"

/ 5 /

那天我和L在岔路口分别，时间差不多已经八点了。可没走几步，我就看见W，她从摩托车上下来，然后轻轻地吻了那个开摩托车的人的额头。摩托车开走了，W就看见了我。

她一点儿也不慌张，站在路口朝我微笑，我知道她是想我走近她。我沿着路灯的光，慢慢地走近，她就笑得更厉害了。她用轻柔的声音说："陈浩，这么晚还没回家啊？"这样的语气柔得像三月的细雨，我只是点点头。她又说："你走哪边？"我说："左边。"她眼睛笑得眯成了线，说："我也走那边。"

其实，我们明明是要回家的，但是不知道为何走到了一条漆黑的小巷子里。W走着走着，手不经意间就触碰到我，她说："等一下。"

她看着我的眼睛，我只觉得她要向我扑过来。那一刻，原本我是憧憬的。

但在W扑过来的那几秒钟，我的脑袋里出现了朱莉莉的样子，我立马把W推开了。

W说："怎么？你不是一直都想吗？不要以为我不知道。"W又撒娇了。

我说："我不想，我要走了。"

W说："我才不信，你假正经！"

然而刚刚走到巷子口，我就看见了朱莉莉。

她沉默地看着我，而我却有些生气。

"你跟踪我？"

朱莉莉没开口。

"你真够无聊的！"

我狠狠地骂了她，我从未对她生过气，但是这次我真的生气了。

月考结束后，班主任又调换了我们的位置，我向班主任申请与朱莉莉调开，言辞决绝。朱莉莉终于走了，而W和L也分开了。

/ 6 /

接下来的一个月，朱莉莉成了彻头彻尾的跟踪狂，或者说，我觉得她疯了。她喜欢悄无声息地跟在我的后面，我和L逃课去踢足球，她在看台上坐着；我和L逃课去学校附近的台球室打台球，她就在门口守着；我和L逃课去校门口的路边小摊吃东西，她就站在我们附近喝可乐。因为朱莉莉的关系，我放弃了与L逃课，后来L决定孤军奋战。但L和我说："其实你不用在乎她，她又不是你的女人。"

我不逃课了，朱莉莉也不逃了。她坐在我的后面，时不时地举手发言。朱莉莉总是在我眼前晃啊晃，可是她始终不和我说一句话。唯一不变的是每天早上抽屉里的那个水煮鸡蛋。

眼看着高考一天天近了，L依旧没有丝毫的紧张感，他从逃一节课变成了逃半天的课，到最后复习的那几天，他索性不来了。

没有L的日子，我开始听起课来。中午的时候，朱莉莉开始穿着白色的T恤在操场上跑步，她一个人，跑了一圈又一圈，坚持到了高考前。其实我也不知道是从哪天起发现她跑步的，或许是那天正巧无聊，踢着易拉罐就到了操场上时。而后我却时不时地在看台上坐着，看着朱莉莉一圈一圈地跑着。

转眼间，六月就到了。我和L踏出考场的那天，L从口袋里拿出一支烟，他说："现在没人可以管我们了。"下楼的时候，朱莉莉站在那里，我突然发现她瘦了，瘦了很多，瘦到我差点儿认不出她来。我对L说："朱莉莉好像瘦了，变漂亮了。"L问我朱莉莉在哪里，我再指的时候，朱莉莉已经不见了。

我开始怀疑，是我自己看错了，或许我看见的，不是朱莉莉。

最后的散伙饭有两个人没来，一个是班主任，一个是朱莉莉。说到班主任，他最终也没有向L的妈妈告发L的种种恶行，但是他说自己终究太老了，不适合参加年轻人的活动，就拒绝了。然而朱莉莉，没有人知道她去了哪里，因为根本没人在乎她，即使她不在，也无人问津。

散场的时候，L喝高了，我扛着他走了一路。他一边吐，一边笑着说："不管怎么样，好歹我当初还是和W接吻了。"L笑得很开心，我却没有在意。又走了几步，就看见了朱莉莉。

朱莉莉真的不胖了，比起之前瘦了很多。朱莉莉看着我，似乎等待着我先开口。

我笑了，她也笑了。然后我说："你怎么没吃饭？"朱莉莉说："我要减肥。"这是她最惯用的一个借口，朱莉莉说，"一起走走吧？"

我指了指喝醉的L，说："我得先把他送回家。"

我把L送回家后，就和朱莉莉散起了步。朱莉莉说："你以后要干什么啊？"我说："我也不知道，估计要多读一年书了。"朱莉莉点了点头，说："总比放弃了好。"

我说："你呢？"

朱莉莉摇了摇头，然后无奈地笑了。朱莉莉说："你可别把我忘了，你还欠我一百块钱呢。"

故事到这里就结束了。在我和朱莉莉走上天桥的时候，朱莉莉没有告诉我，那天晚上她其实不是跟踪我，而是她爸那天喝醉了在家里闹事，她跑出家门，希望能找一个可以说话的人陪陪她，恰好在去我家的路上撞到我；朱莉莉没有告诉我，她父母离异了，她跟着父亲过；朱莉莉没有告诉我，她去和班主任求情了，希望他不要把我和L搞得毕不了业；朱莉莉也没有告诉我，班主任其实是她的继父。朱莉莉一直沉默着，她同样没有告诉我，她这么努力地让自己光鲜起来，是为了让自己坚强地活着。临近分别的时候，朱莉莉同样只是笑，她从未和我说过"喜欢你"这三个字，甚至连暗示的语句都没有，但她绝对是喜欢我的。

如果你要问我，没人告诉你，你又怎么知道朱莉莉的这些事情呢？又为何笃定地知道朱莉莉的这些想法呢？那我只好告诉你，因为我就是朱莉莉。

那么文中的"我"呢？

文中的"我"只是我青春时期所爱的一个人,他叫陈浩,或许又不叫陈浩。我把他写了进来,虚构了他的想法,以我的思路来"复活"了这个故事。但是我想你知道,年少时的爱不是非得说出来的,因为那些记忆的碎片足够来帮你说明。

至于这些秘密,我不打算告诉他,只要他还记得我就好。

好好感谢鱼尾纹

小白有很多年没有谈过恋爱了,算起来大概有七八年了,从高中毕业开始,到现在工作三年半,单枪匹马的也不觉得孤单。认识小白的那一年他刚刚工作,我们是网友,对,就是通过网络认识的。起因好像是我的某篇故事被他看中了,他在网上给我留言,说想要录成广播剧,我说好的呀,于是就这样相识了。从打招呼到真正见面其实也有很长的一段时间,我们在网上聊天的内容很简单,大概是最近看了什么书和电影,彼此觉得有意思的东西相互推荐。当时小白住在成都,我还在湖南念书,虽然我每年过年都会回到老家重庆,却从来没有花钱去过成都,后来小白说,你可以过来玩儿。

对于见网友这种事情,我一直是嗤之以鼻的,隔着网络聊得欢愉的人往往在见面之后无言以对。剥离那虚拟的外衣之后,你总会感觉浑身不自在;当幻想与现实相融合的时候,你就会特别担心它们之间的落差。

但最终我们还是见面了,现在回想起来,当时我之所以决定去成都走一趟,其实并不是为了见小白,而是想在自己旅行城市的履历上多增加一笔。而在成都,我并没有什么认识的朋友,所以给他打了电话。

"你和照片上不一样。"这是他对我说的第一句话,"更瘦一些。"

而我则觉得有些尴尬,我说:"是吗,可能镜头拍摄有偏差。"

而后我们竟然成了非常要好的朋友,我几乎每次去成都,都会叫他出来吃饭。但是,这么多年了,他依旧是单身一个人,有时候会在空间里写一些日志。我从那些零零碎碎的文章中看得出来,他其实还是在等待一个对的人出现。

"很担心啊。"小白有一次突然说,"想一想,我都是快三十岁的人了。"

"那就相亲好了!"虽然我给的建议并不中肯,但是我觉得这或许是解决他当下问题的一个方法。

"对啊,已经相过了,算下来,已经七八个了。对了,你等等……"说着从口袋里掏出手机来,"你看……"照片中的女子看起来比小白要成熟,妆很浓,眼睛有些勾人,最主要是胸大。小白接着说:"我妈给我的照片都是这样的,怎么说呢?见到真人的话,其实也不算太差,但是,总是聊不到一块儿去。比如我觉得张艺谋的电影并不好,她便会非常吃惊地说,《卧虎藏龙》还可以啊。那一刻我就不知道该怎么往下接了。"

我把咖啡推给小白,说:"不,我觉得是你知道得太多了。这种事情,大部分人都不知道吧。"

当然最终的结果是,小白依旧单身。

我大学毕业的那一年,他在成都买了房子,一百来平方米,在成都东站附近，有三个卧室，一个客厅，一个大厨房。但我第一次去，就震惊了，脚根本没有地方放。后来去的几次也是一样的情况：满屋的家具都没有拆封，外出的鞋和居家的拖鞋混在一起散在地上，厕所里居然有七八支拆开过的牙膏，厨房的刀具和砧板都放在不该放的位置上。唯一庆幸的是，他自己的房间还算能够居住，虽然大本的杂志和书散落在地上，但床上至少是干净的。写字台上的台灯散发着非常柔和的灯光。好不容易找到地方坐下来的时候，我感慨了一句："你真的该找个女朋友了。"

"是啊，我也觉得。但是，越期望的事情往往越是达不到。这已经是我单身的第八年了吧。一个人住在城市的某个角落，买菜做饭都变得很奢侈，因为根本吃不完。更不可能去餐厅，即使想约合适的朋友，有时候都会撞上对方约会的时间。要说孤独倒也没有，只是觉得再这样下去，就变得越来越没有依靠了。"

"那你想恋爱吗？"

"对，很想恋爱。不是说真的要结婚或者怎么样，就是希望能够有个人说说话，不是和朋友说的那种。带点儿情绪或者脾气，也希望能够关心对方。"

"厕所的牙膏是怎么回事儿？"我指着那些被开了盖挤了一部分又没有用完的横七竖八躺在那里的牙膏们。

"就是，不喜欢了。"

"啊？"

"我以为买的那一支是自己喜欢的，但是口味和自己想象的差别挺大的，所以干脆换了新的，却依旧不是喜欢的。很奇怪，就像相亲一样，每次我也带着务必能够遇见合适的人的心情去见对方，包括在生活中也是,但是交往一段时间后我发现对方完全不是想象中的样子。"小白皱着眉头和我解释道,"时间一久,牙膏都堆在那里。我不想清理,但依旧会去选新的牙膏,只是不知道什么时候会碰上喜欢的。好像上周买的,说是柠檬味,但我怎么都觉得像是橙子的味道,换掉之后,新的牌子依旧不是我想要的,很甜,像是放了糖精。"

"其实你就是计较太多了。"

"是吗?但是感情不是本来就是斤斤计较的事儿吗?"小白回到房间打开电脑,放了一首歌,那是西城男孩的 *Mandy*。

"其实我也有过很喜欢的人,那应该是很多年前了。"小白说道:"当时我是很喜欢那个姑娘的,我印象最深的是当时我跟踪了她一个星期,知道了她在图书馆固定的座位,然后趁夜搬了很多书占了她旁边的位置。其实她并不认识我,也根本不知道每天坐在她旁边自习的人喜欢她,但是那时候的喜欢就是很简单啊,我自己感觉那已经算是跟她谈恋爱了。虽然说起来有些奇怪,但是当时我就是这样认为的,她什么时候走,我就什么时候离开。当然,为了避免她怀疑,我肯定要稍稍迟一些,跟在她身后,走得也比较慢,直到目送她回宿舍,才离开。之后那一学期,我都这样跟着她。我每天会带一小块儿巧克力过去,放在她的书上。开始她很诧异,望了望周围,我憋着气不看她,但接二连三地出现巧克力,她就知道有问题了。怕她发现,我总是小心翼翼地放,最终她都没有发现。当然,她也没有吃,而是用一个小盒子把它们装起来了。一学期之后,装了三个大盒子。"

"那后来呢?"

"第二学期我就再也没有见过她了。"小白说,"就好像她从来没有出现过一样。其实我有专门记下她的名字、系别和班级,也有好几次跑到她们教学楼去,但是一次也没有见过她。"

"你那时候还真是纯情呢!现在的话,要是遇到喜欢的女孩子,男生应该都会霸王硬上弓吧。"

"不是纯情,而是我总觉得如果突然告诉她我喜欢她,就会有不好的结果发生。不能说一定被拒绝,而是想着即使在一起,好像也不可能走很远。当时内心的声音就是这样,到最后她消失,我也有些不能接受。其实明明对她什么都不了解,但是依旧会因为那段时间锲而不舍的陪伴自我感动。喜欢她什么,长相吗?好像不是。但是除了长相,自己又根本什么也不了解,傻乎乎地陪坐了一学期。"

那大概是小白最真的一段感情了。

等我再见到他的时候,是半年之后。当然,他依旧没有恋爱,没有伴侣,没有朋友,非常独立地生活在这个城市里。当时我正巧辞职旅行,途经成都,他带我去吃串串,深夜街头依旧有很多人。我们挑了一个角落的位置,我问小白怎么样,他摇摇头,应该是不好。

"上次你走了之后,我遇见了一个女孩。怎么说呢,不是相亲遇到的,而是通过查找附近的人认识的。其实她并不在附近,不,应该说她并不住在附近,而是我凑巧到朋友家无聊开了一会儿软件。当时我和她聊了几句,夜里就约她出来吃饭了。当时也是在这里,我们聊了一些话题,还算投缘。后来我带她回家,其实原本没有打算要做什么,当然最后仍旧是跨出了那一步。有多久了呢?

七八年吧,我一直单独依靠自己的手来解决问题。突然有了爆发口,抱住她的那个瞬间,我总觉得我要哭。于是她问我,是不是单身很久了。我想她是从我这个乱七八糟的屋子看出来的,我点点头,她没有说什么。后来,我们又见了几次面,一切看起来也都不错。她会和我一起看电影,而且非常了解电影背后的故事,我当时想,她应该是不错的人了。直到有一天,她说她要结婚了。"

我忍不住骂了一句脏话。

"但我想迟早是有这么一天的。她没有透露过她有男朋友,当然这是她的隐私,从一开始我们就不是明确的男女朋友关系。就是那天下午,下了很大的雨,我让她多待一会儿,她点点头,然后起身帮我收拾起屋子来。她把整个屋子从头到尾打扫干净了,然后看着我笑了笑,我当时也对她笑了笑。"

"然后呢?"

"她摸着我的脸说,'你也考虑一下找个合适的人吧,眼角都有鱼尾纹了,真的,不要再贪玩了'。当时她看着我的刹那,我知道她在等我说什么话,不过,我没说,就像多年前一样,我依旧没有站出来说一句什么。雨停之后,她就走了,临走的时候,她说的不是再见,而是说,'不要让屋子再那么乱了,心情会不好的'。我站在窗口看着她,当她说那句话的时候,我就知道我们以后都不会再见面了。"

"那你还是得找个人恋爱啊。"

"嗯,我想是的,不管怎么样,还是要找一个人恋爱。就算像和她这样的关系也好,总算有个人可以听我说说话。她走了之后,我去照镜子,发现原来我真的有鱼尾纹了,仔细算算,好像马上就要三十岁了。努力工作，时间却唰唰过去了，以前总觉得到三十岁是很恐怖的事情，但是恰恰到了这个时候，也并不觉得什么了。三十五岁、四十岁，又怎么样呢，我觉得对岁数的恐惧，并不是恐惧你抵达那个年龄，而是恐惧你抵达时的一无所得。如果落空的话，你就觉得人生是很差劲的吧。年轻的时候，人们总是害怕变老，变丑。其实对于男人而言，外貌变化并没有那么明显，甚至，老一点儿或许更有味道。而年轻时候的担心却突然因为鱼尾纹的出现而消失了，就像是你以为高考是件很恐怖的事，而时隔多年之后，你并不觉得那是多么起眼的一笔，我想其中道理是一样的。"

小白打开他家门的时候，我总有一种走错屋子的感觉，因为太干净了，太整洁了，和他过去所住的屋子有着天壤之别。小白从鞋柜里给我拿拖鞋（之前都是不用换鞋直接进屋的），反而让我有些不习惯。进屋的时候，我去了一趟洗手间，注意到盥洗池边上的牙膏已经没有了，只有插在杯子里的一支蜜桃味的Ora2（日本皓乐齿牙膏）。

"光，你说人真正害怕的是孤独吗？"

"应该不是吧。"

"我也觉得，那么，为什么书上说每个人都是孤岛，但是每个人还是渴望依靠呢？"

"或许是因为人根本没有办法真正地做到独立吧。"

"我从上个月开始去烹饪学校上课了，其实，我是想找到一些契机。"

"嗯，恋爱的吗？"

"可以这么说，或者说，已经这个岁数了，如果抓不住爱情，至少抓住一点儿别的东西吧。前三十年已经有的东西应该一直保持下去，那么，没有的东西，这个时候应该好好考虑一下了。"

"大家都很忙，已经很少有人能够给时间让你去找一个合适自己的人了。"

"话是这么说，但我还是想再等等。你要喝点儿什么吗？"

我说："随便。"小白便进了厨房烧水。

出来的时候，他问："你知道什么样形态的食材最好吃吗？"

"什么？"

"我以前一直以为食材的形态其实无所谓，放在嘴里吃掉就好了。但是现在我才渐渐知道，其实块状的食材是口感最好的。你看，这些事情并不是你一开始就知道的，所以，我觉得凡事都一样，如果不去考究一些细节，永远也不能知道真谛。"

"那你接下来怎么打算？"

"应该还是先恋爱吧，无论如何也没有办法接受先结婚再恋爱这回事。"

这时小白朝我笑了笑，那眼角的鱼尾纹显得异常清晰。但是他一点儿也不遮掩，反而透露出一种成熟的傻气。这时候厨房的水烧开了，发出呜呜的轰鸣，这并不是寻常的声音，至少我来小白家这么多次，都没有听到过。

Five

你是时间给我的最好礼物

NI SHI
SHIJIAN
GEI WO DE
ZUIHAO LIWU

*Different
from others*

你说过的笑话，只是在讨自己欢心

"也是夏天，"我和女孩说起这段故事的开头，"在气温最高的时候，我们住的房子没有冰箱。当时我们和房东提过这件事，但是最终没有得到答复，你能想象吗？其实按理说，一个房间里该有的都有了，只是缺一台冰箱，并不是什么很大的问题。但那时候，阿丘会做很多菜，我们常常吃不完。后来我跟阿丘说，我们可以适当少做一些，这样就不会浪费了。但不管怎么精简，好像最后我们还是吃不完，依旧会有剩菜。阿丘说，不能再少了，不然我们只能做一个菜了，那会显得我们生活非常寒酸。"

女孩扭过头来看我，说："你们可以自己买一台冰箱，小一点儿的也可以，二手的也不错。不用投入很多钱，但至少可以利用起来。"

我说："对，我们后来也意识到了。于是我们买了一台二手冰箱，花了九牛二虎之力把它搬上了六楼。你知道，上海的老房子没有电梯，当时我们觉得快要死了。"

"那不是很好吗？"这时候她坐起身来，端起茶几上的茶壶给自己倒了点儿水。

"对,但是,问题很快就来了。"我接着说道,"因为是二手的冰箱,实际上就是别人遗弃掉的东西,所以,很快冰箱就结了厚厚的霜冻。实际上,这样子的冰箱是没办法用太久的,因为它非常耗电。"我从她手里夺过来那杯水,喝了一口,说,"所以,过了一段时间,不管冷藏室还是冷冻室,都特别冷,最后所有放进去的菜,再端出来的时候,都成了冰块。"

"噢,那是很糟糕。"

"而且,有些事情,说起来并不是那么让人相信。"

"什么事?"女孩突然聚精会神起来,她正襟危坐,炯炯有神地望着我。

"怎么说呢?即使是第一次开口和阿丘说,阿丘也是不相信的。但是,我觉得就是这样。大概是我一个人在家的时候,我原本在沙发上看书,你知道,冰箱运作时候的声音是很大的,特别是旧冰箱,而那时候,我就是听到了一些奇怪的声音。"

"什么声音?"女孩靠着我又坐近了一些:"你可别吓我。"

"不不不,不是什么鬼故事,当然说起来也有些不寻常。你知道,其实那时候我和阿丘正在最困难的时候,之前也和你讲过。我和阿丘开了一家咖啡店,但生意非常糟糕,几乎面临倒闭。到后来,就是阿丘和我轮班去咖啡店,基本上也提不起兴趣来了。阿丘原本的好手艺都浪费了,我也觉得可惜。"

"啊,有什么关系吗?"女孩不解地问。

"对,那时候,我和阿丘轮班去咖啡店。正巧那天是我在家,我在看书,而看书之前,我和阿丘大吵了一架。我们彼此埋怨,放弃手上的工作,开始异想天开地要开店,开了一半发现和想象中的未来相去甚远,这种失败感让我们非常恐惧。我还说了很过分的话。我和阿丘说,要是实在不行,就放弃吧,各自再去找工作之类的。于是阿丘就出去了。"

"嗯嗯,这个我有听你说过。"

"对,所以我想让彼此都冷静一下,就躲在家里看书。这个时候,冰箱发出非常猛烈的声响,就像在哭泣一样。"

"哭泣?"

"对,我很确定那个声音,当时我也被吓到了。当我坐在冰箱面前仔细听的时候,我知道,我没有听错。"

"冰箱为什么会哭呢?"

"要说原因,大致也能推测出几个来。比如岁月变更,像它这样的老式冰箱已经无人问津,找不到同伴;在我们这样的陌生环境里不适应,我和阿丘也并不知道怎么对待冰箱;因为总是让饭菜结冰,我们也非常生气地拍打过它。不过比起这些理由,后来阿丘倒是说了一点,他讲,或许是冰箱没办法接受被遗弃吧。"

"这么感性的冰箱吗?"女孩问道。

"我也讲了,是推测,所以并不能称得上'正当理由'。我和阿丘说起的时候,阿丘还说我出现了幻听。第二天轮到他在家休息,自然也遇到了相同的情况。阿丘说,这么奇怪的冰箱,还是干脆不要了吧。我说,既然它已经很伤心了,那就更不能对它做这么残忍的事情了。说来是我起了恻隐之心,但是你也知道,对冰箱起恻隐之心,是特别奇怪的事。"

"我想你们心情肯定很差吧。"女孩突然说道,"原本工作和生活都特别不如意,这样的事情好像也变成棘手而麻烦的事情了。

要是晚上睡觉,还会听见奇怪的声音,肯定会提高警惕,就更没有办法睡好了。恶性循环,不是吗?"

我点点头,说:"对,我们变得很烦躁。后来阿丘说,干脆把电源拔掉吧,反正根本也用不上。于是我就这样照做了。冰霜因为太多,一拔掉电源,那么炎热的天气,很快就化掉了。冰箱没有再响,但是比起那个声音,那化掉的水才是更糟糕的事。我们用拖把一直拖,但是里面的冰霜好像化不完似的,弄得我们筋疲力尽。"

"后来?"

"后来,我也是突发奇想,我说,如果冰箱那么伤心的话,我们就来跟它说些开心的事情吧。"

"说笑话?"

"哈哈,是啊,说笑话,很荒唐吧,至今我也这么觉得。但是,当时我就这样对着冰箱说起来。我说,一个小孩坐在飞机上看见飞机下的矮冬瓜同学,说,'爸妈快看,飞机起飞了,飞机下面的人都变成了矮冬瓜。'他妈妈摸着他的头说,'傻孩子,飞机没动,飞机下面就是矮冬瓜'。"

"有点儿意思。"

"阿丘说,从前有个小孩叫小明,小明没应他。"

"哈哈,不错。"

"我又说,有个绿豆失恋了,哭啊哭啊发芽了。"

"其实你们讲的都很土嘛。"

"对,其实我们讲的都挺土的,脑子里其实也没有什么真正有趣的故事。但是,我们还是非常努力地去想,讲着讲着,冰箱突然就不流水了。因为房间里温度高,地板很快也干了。我和阿丘看看对方，都觉得挺有趣的。阿丘当时说，其实，'我们以前经常彼此开玩笑的，但现在好像很少了'。"我说，"就是那个时候，我意识到，我们真的很久没有彼此说笑过了。除了抱怨，就只剩下抱怨了。"

"如果快乐能够冷藏起来，需要的时候再取出来就好了。"女孩突然说道。

"啊，我之前也有这样的想法！"我哈哈笑道："但是，根本不可能啊。我跟阿丘说，不如花点儿钱，请个工人把冰箱修一下吧，反正都已经买回来了。阿丘想了一下，也说行，于是我们凑了点儿钱，干脆把冰箱制冷的部分重新修好了。那天之后，我们就再也没听到冰箱哭泣了。"

"后来，你们就转运了吗？哈哈，老套的故事！"

"不，后来冰箱好了，但是咖啡店是真的没有任何好转的迹象，直到有一天，阿丘问我，我们到底在等什么。我也问他，等什么。他说，我们都不知道在等什么，却傻傻地等着，好像老天会让一切好起来的，但是有些东西坏了就是坏了，自己不解决，问题还是在那里，不是吗，就像那破冰箱一样。"

"所以……"

"我们把咖啡店关掉了。"

"啊？"

"因为卖不好咖啡我们开始卖冷饮，冷饮不受欢迎就改卖炒饭，一家咖啡店最后完全不是咖啡店，由于我们不断地改变我们的初衷，最后变成了四不像的低档货。于是我和阿丘说，索性关掉吧，光是等待没有用的，不如好好思考一下我们到底要开什么样的咖啡店，之前的问题到底在哪里。"

女孩说："现在生意那么好，看来当时没有走错路啊。"

"当时想不出来，我们就对着冰箱讲故事。两个傻瓜，彼此商量着计划，却把冰箱也当成了自己的兄弟。因为整个屋子，似乎只有冰箱才是我们唯一的财产，相依为命的亲人。"

"革命友情。"

"即使在我们最穷的时候，我们也没有卖掉那台冰箱，不知道为什么，好像突然舍不得了。"

"好歹挺过去了。"女孩拍手说。

"我们花了四个月的时间坚持，最后几乎快要饿死了。吃剩的菜放在冰箱里，再拿出来热的时候，会发现分量比放进去的时候似乎要多一点儿，不知道是心理作用还是真的。但就靠着我们与冰箱的合作，终于重新开起了那家店。似乎一切都准备好了，重新再来的时候，遇到之前的问题，就好像有了思路。那时候我们可说了不少故事给冰箱听，当我们都撑不下去的时候，我和阿丘就开始说故事。"

"实际上，不过是讨自己开心，对吗？"

"对。但你想想，每次你和别人说笑话的时候，真正觉得好笑的大概都是自己吧。那不也都是为了讨自己开心吗？"我淡淡说道。

女孩伸了个懒腰，起身，离开沙发，慢慢向厨房走去，她回头说："其实我挺喜欢听你和阿丘说的那些故事的，尽管挺土的。"

女孩笑起来的时候，窗外的蝉声又加重了。

新年快乐，咱不哭

/ 1 /

窗外爆竹响起的时候，少华听见阿妈在厨房叫吃饭，抬头望去，远处的夜空正绽放着璀璨的烟花。

饭桌上摆放的都是平常菜色，父母和亲戚围桌而坐，谈论着一年来的大小见闻。谈笑间，吞云吐雾，觥筹交错。大致快到零点的时候，联欢晚会将近尾声，客厅摆起麻将桌，邻屋的大爷伸出头，把鞭炮挂到窗檐边的铁钩上。阿妈问少华："吃几个汤圆？"少华说："想出去走走，回头再说。"说罢，关了纱窗铁门，走下楼去。

/ 2 /

少华记得十几年前，莫名镇还不是眼下模样。如今街道萧条得可怜，大街小巷停着私家车，然而人却大都不出来了，剩下的原住民也都迁到了城里。政府投了钱改善了街道，也维护了旧楼，原本的陈旧气息一扫而尽。初衷是新年新气象，实则却破坏了原有的美感。

路过电影院楼底的时候，少华想起有一年，丁聪就是在这里为自己点燃了第一支烟。丁聪说："男人不抽烟，当不了神仙。"少华笑，最后呛得眼泪直流。丁聪在旁边弹了弹烟灰，若无其事地说："第一次，都这样。"少华回头看他，额头边角的淤青在夜里的灯下格外明显："还疼吗？"丁聪斜瞟了自己额头一眼，吹了一口气说："你不讲，我早忘了。"

那天他们刚刚和班上几个男生打完架，起因是几个男生怀疑少华是班上潜伏的"告密者"。这几个男生不管是进游戏室还是进录像厅，都会很快就被老师抓住。这种事情，无非是班上那几个成绩好的人干的，最后得出的结论，便是少华。

丁聪抄起课椅准备往对方身上砸去时，老师正巧走进教室来。最终一群人蹲着马步在办公室各写了一份检讨。不论是抽烟，还是写检讨，都是少华的第一次。那群人毫发无伤，但丁聪却挨了一拳，打青了额头。

/ 3 /

那些年，红双喜还没有卖到7块钱一包。少华给老板娘指了指玻璃柜角落有些褪色的烟盒，老板娘眼睛还没有从电视上移开，说："现在就民工还抽这个，小伙儿要不试试别的？"少华摇摇头，说："阿姨，我是少华啊……"老板娘把目光重新放到少华脸上："少华？"少华点点头："张少华，十几年前和丁聪一起常常来买散烟的。"老板娘若有所思地点点头:"哦,就是那个耳朵旁边有条刀疤的臭小子嘛。"

老板娘所说的刀疤让少华突然有些沉默,因为只有少华知道,那并不是一条真实的刀疤。

那是十七岁那年的除夕夜,丁聪到少华楼下吹口哨,少华找借口说和同学去附近放烟花。丁聪叼着的烟在黑暗中忽明忽暗,少华笑着叫他,他随手递过来一支,然后说:"陪我去个地方。"

少华记忆中的莫名镇是有百厦大厦的莫名镇,时隔多年,人事皆非的今天,百厦大厦早已经不知所踪,少华甚至在想那些曾经讨价还价的大妈现在都去哪里淘便宜货。

丁聪带少华来到百厦大厦的底楼,从漆黑的甬道往里钻,就来到老王的文身铺。丁聪说:"除夕这天是我的生日,我想送自己一个礼物。"丁聪毫不避讳地在右耳旁文上了刀疤,不长不短,像一条趴在耳边的小虫。

少华清楚地记得丁聪当时的表情,就像平常一样,即使再痛,依旧隐忍。少华注意到丁聪额头渗出的汗,丁聪笑嘻嘻地和少华说:"很快就好了。"

/ 4 /

那些年少华和丁聪在一所男子高中读书,校园里恃强凌弱是常事,像少华这样一本正经要考大学的人,自然被很多人视为眼中钉。事后少华也问过丁聪,为什么要帮他,丁聪只说了一句:"自己考不上大学,也没有必要害别人考不上。虽然我不是好学生,但至少不是害人精。"

少华没有意识到自己和丁聪会成为好朋友，就像他从来不曾想过抽烟文身打架这些事和自己挂上钩。少华说："你呢？你就不想考大学吗？"丁聪从地上捡起一块石头，在墙上随意画起来："看。"虽然简单几笔，少华也看出来那是一个迎风少年的模样："好厉害！"丁聪笑笑，说："我爸可不这么认为，我画的画全被他烧掉了，然后说我要是考不上专科就去工地打工，画画，又费钱又没前途。"

少华见识过一次丁聪父亲和丁聪打斗的场景，镇西卖猪肉的肚腩丁就是丁聪的父亲，生来一把"杀猪刀"，不懂风雅，见到丁聪躲在房间里看漫画书，操起木棍就朝丁聪身上打去。少华站在楼道里，听着丁聪父子相互辱骂，最后丁聪跑下楼，看见少华，拉着他就往外跑。

"死老头儿！"丁聪啐了一口，从裤带里掏出一根有些弯折的烟，一分为二，把有滤嘴的一头儿给少华，然后点燃了另一边，自顾自地抽起来。

"喂，你考得上大学的吧，上次听你说，想读建筑。"

"尽力而为，我现在也说不准。"

"尽力可不行，必须考上，否则，怎么当我丁聪的兄弟！"

"哦。"

"老子考不上了，你，帮我考上。"

不知道为什么，听到这句话，少华突然忍不住哭了起来。丁聪一巴掌拍在他背上，说："大过年的，哭什么！"少华擦了擦眼泪，说："新年快乐，咱不哭。"

很多年后，少华依然会想起十八岁时候的那个春节，那天两个人就这样蹲在路口，到处都是烟花爆竹，年后就是高考，而丁聪就这样一巴掌拍在自己背上说："必须考上。"

/ 5 /

少华当然不知道丁聪和那帮兔崽子在背后打了多少次架，单枪匹马拿着小刀和他们在巷子里面解决问题。

有一次，兔崽子带了几个混混跑去拦住丁聪回家的路，丁聪走了两步，就听见一个男人说："听说你小子很嚣张嘛！"丁聪看着那些牛鬼蛇神说："人不少，就怕是草包。我跟你们几个说，少去惹张少华，有种就来找老子！"不知道是谁说："张少华是你小媳妇儿啊？你这么护着他！"正巧少华这时也走到了巷子边上，听到这句话，气得牙痒，二话不说，丢了书包就往里冲，一头撞倒几个人。丁聪望着他说："你傻啊，来这里干吗？"少华不管，说："凭什么他们欺负你！"

少华不知道那一次为什么会有这样大的勇气，直到现在，少华依旧很难相信当晚自己的举动。他从地上捡起一块板砖，学着丁聪平时的姿势，朝着那个老大砸了下去，那个男人额头流血，双眼发红，丁聪把少华护在后面，对方那一刀就这样砍在了丁聪的右臂上。

血瞬间喷溅到对方的脸上，那拿刀的人吓得手抖，少华也慌了，唯独丁聪咬着牙，说："谁还要来？"这下对方都说不出话来了。

少华扶着丁聪赶回家的时候，丁聪他爸脸色很难看，丢了桌上的碗筷，咽下嘴里的猪肝，到里屋扯了纱布和白药，给丁聪包扎起来。

"你总有一天要死在外头！"

"那你就别管老子！"

丁聪他爸没有再说话，少华注意到他爸爸眼角微微抽动，嘴唇也有些颤抖，但手却一刻也没有停下来。

"你以后手要留疤了。"少华坐在丁聪的床上说。

"留疤才好，说明哥是有历史的人。"丁聪自以为豪地笑了。

这时，丁聪爸在外面吼："臭小子，叫你同学一起出来吃碗汤圆！"

那夜窗外的灯火照亮了天空，丁聪和少华就这样坐在破烂的楼道间吃着汤圆。丁聪说："死老头儿除了会杀猪，包汤圆也是不赖的。"说着说着，少华看到他的眼泪流进了碗里。

丁聪爸勾着身子，从纸箱里拿出一卷红爆竹，对丁聪说："吃完跟我去楼下放爆竹。"丁聪没应他，他就踏着黑慢悠悠地往下走去。

/ 6 /

七月之后，少华考去了北京，丁聪被他爸介绍进了板斧厂做工，其间少华时不时打电话和丁聪聊天，丁聪说："北京的妞是不是特别洋气？下次带个回来给哥瞧瞧。"少华应了应，彼此提醒注意身体。丁聪问："过年回来不？"少华说："回，怎么不回？"

自从那次事件之后，丁聪成了那一片儿的"霸王"，基本上没人敢随便出来动他，他手上那道疤看起来特别刺眼，在工厂，开始总有人想欺负他，但旁人一提起他是"刀疤丁聪"，立马那群人就没声儿了。

少华回来和丁聪喝酒，丁聪又说又笑，说少华去了大城市就富态了，不像以前那样瘦骨嶙峋了。少华憨笑，说丁聪还是没变。丁聪搂着少华的肩膀，两个人在河边碰酒瓶，少华说："老爷子还好吧？突然想吃他包的汤圆了。"丁聪灌完那瓶酒，朝河的远处扔去，笑着说："死老头儿去年脑出血死了，那天我在厂里，回家他已经断气了。"少华的酒瓶悬在空中，丁聪却一直在笑："想吃汤圆，老子做给你吃！"

少华坐在那破了皮的沙发上。丁聪在里屋弄得锅碗乒乓作响，最后他端出黑乎乎的两碗汤圆放在桌上："来，吃吧！"少华笑着咬了一口，芝麻馅流了出来，烫嘴。丁聪笑着说："搁会儿，烫！"

那夜他们站在阳台上，少华说："老爷子走了，你会寂寞吧？"

"寂寞啥，不过少了个骂我的人，清静！"

"阿聪……"

"啥？"

"明年来我家过年吧。"

"明年？明年再说吧……"

后来少华先走，走在路上想起忘拿外套了，上楼去，看见丁聪弯着身子，望着那碗吃剩的汤圆发呆。他朝碗里抖了抖烟灰，然后起身把桌子收拾了。少华在门口站了许久，终究没有推开那扇纱窗门。

/ 7 /

少华回家的时候,正巧换了老妈上牌桌:"汤圆在砧板上,要吃自己下。"少华点点头,对老妈说:"那个……丁聪来过吗?"麻将声和鞭炮声已经彻底淹没了周遭的一切,少华关了门,躺在了床上。

丁聪是在少华大二那年去深圳打工的,当时丁聪只带了两千块钱和三件衣服,背着包就离开了。丁聪对少华说:"等哥赚了大钱,回来带你去爽翻。"而丁聪一去就是三年,三年的时间,少华极少能够联系上丁聪。丁聪偶尔一通电话打来,总是醉醺醺的,说不上几句话,周围很嘈杂。少华冲着电话大声叫,丁聪只是说:"我很好,别担心。"

少华再见到丁聪是在大四毕业的那一年。丁聪西装革履,头发油光可鉴,一副墨镜,一脸痞笑。当他出现在少华面前的时候,少华差一点儿没有认出他来。

"现在是大老板了啊!"少华给了丁聪一个大大的拥抱,丁聪咳了两声,说:"小老板,小老板……"丁聪带少华去镇上最好的饭店吃饭,然后掏出几张红钞票扔在饭桌上。少华看见丁聪掏烟,这么久了,还是那包熟悉的红双喜。

"你这些年都干什么去了?"少华不忍问。

"能干的都干了。"丁聪不觉一笑,"不像你。我听几个街坊说,你在北京已经找好工作,以后应该很少回来了吧。"

"你在深圳不也是?"

"是啊,也是。过年的话,还是想回来一趟吧。"

"去看老爷子了吗？"

"再说吧。"

少华时常想，两个人的相逢到底是基于什么样的契机，才可以延续一段感情，并建立一种无法触及却填满内心的关系。

"少华，你谈女朋友了吧？"丁聪被烟呛到边咳边说。

"嗯，你呢？"少华有些不好意思地说。

"没呢，哪有人能看得上我啊？"

"瞧你说的。"

"少华，如果，我一直跟一摊烂泥一样，你是不是会看不起我？"

他的眼神中映出少华的脸，少华没有想到丁聪会问出这样的话，并没有第一时间回答他："不，不会。"

"是吗？"丁聪像年少时候一样揽住少华的肩膀："但是，我自己会瞧不起我自己啊。"

丁聪花了两百块买了一大堆烟花，然后蹲在地上点燃了一束。他取了一支，在地上画起画来。

"少华，新年快乐。"

"新年快乐。"

地上是丁聪画的两只王八："时间久了，我都忘记我原来会画画的。"

/ 8 /

2012年的除夕夜，少华被困在首都机场，工作人员迟迟没有通知航班飞行的时间。电话那头父母再三询问，少华索性调成静音。这个时候，少华突然想起丁聪，发了一条信息过去：春节回家吗？

没有得到丁聪的回复，转眼就被通知可以登机了。

少华下飞机后，坐车回镇上，没有直接回家，而是先去了丁聪那里。少华拍了拍门，丁聪摇摇晃晃出来开门，少华看着他赤裸着上身，还有一双女人的高跟鞋被随意放在地上。丁聪揉了揉头发，咧嘴笑着说："你回来啦？"少华点点头："我改天再来找你吧。"丁聪往里屋望了望，说："你等会儿……"少华站在走廊，那几分钟好像特别漫长，屋子里有窸窸窣窣的声响，接着看着一个穿粉色外套的女人从里面走出来。丁聪看着她下楼，对少华说："进来吧。"

"不好意思。"少华双手握在一起，显得有些尴尬。

"没事，咳，我没看到信息。"

"你或许应该找个女朋友什么的。"

"什么的，哈哈，你也说了，除了女朋友，还有'什么的'。"

"知道知道。"丁聪走进厨房，"冰箱里只剩啤酒了，不过……"丁聪从厨房门探出头来，"还有几个汤圆，吃吗？"

两个人坐在沙发上，丁聪把整个身子陷进沙发里："夏天结束的时候，我就回来了。"

"怎么？"

"炒股，钱全投进去了，血本无归。不过，这就是命吧，我认了！"

"我说，你要缺钱，可以跟我说。"

"大工程师还是好好赚钱养家吧，别管我这种烂人了。"

"喂！"

"好了，吃完汤圆就回去吧。"

那一天少华走在路上，回头望了不止一次，丁聪家的灯一直没关。少华发了一条信息：明天初一，到我家吃饭吧。

"再说吧。"

/ 9 /

以前上学的时候，听几个年轻老师在走廊里开玩笑，他们说，能代表男人寂寞的，就是烟啊。

少华点燃手上那支烟的时候，丁聪说："我把房子卖掉了，还完债，应该还够再过些日子。所以，你别担心。"

"阿聪，以前你为什么要把我当朋友啊？"

"以前？以前的事哪里还想得起，或许那时候，就是羡慕吧。"

"羡慕？"

"哎，随意啦，交朋友哪来那么多规矩？"

"阿聪，我……"

"喂喂喂，今天新年，出息点儿……"

那是少华喝得最多的一天晚上，他和丁聪彼此搀扶着走在大街上，最后干脆躺在了路上。

"喂，少华，你刚刚那么问我是不是觉得我给你丢脸了？"

"没，真没……"

少华和丁聪两个人就这样在大街上躺着，零散的星辰布在天空中。突然间,好像飘雪了,细小的雪花落在两个人的脸上。

"少华,我从小到大都没哭过吧,就算那次被砍,我也没哭过吧?"

"没……"

"我家老头儿死我也没哭吧?"

"没。"

"就算在深圳帮别人擦鞋我被踩在底下我都没哭,但是,我现在好想哭。"

"阿聪,新年快乐。"

少华现在还记得那个夜里,安静的街道上突然从巷子里开出来一辆大货车,而两人几乎已经没有力气睁开眼睛了,就是那一瞬间,少华感觉有人把他往边上推了一把,他再回头,似乎只摸到一些温热的黏稠的东西。

少华突然睁开眼睛,转过头,丁聪躺在血泊之中笑。

少华抱着丁聪坐在货车里,眼泪哗哗地往下掉。"喂,喂,我说,少华,听我说……"丁聪吃力地讲着,"刚刚,那一瞬间,我觉得,我应该躺在那里,所以……咳……我没有躲开,像我这样的人……咳……"

"你给我醒着!"

"以前,死老头儿说我总有一天要死在外面。这么多年了,我一直记得这句话。"

"你别睡啊!"

"我欠了可不是一点儿钱,你知道吗?烂人,烂命,这是死老头儿经常说的……"

"阿聪……"

"少华，新年快乐，新年，咱不哭……"

/ 10 /

少华醒来的时候已是凌晨三点，窗外已经安静了。楼道间偶尔还有碰牌的声响，但是所有人都不再像刚才那样喧闹了。

少华起身走进厨房，阿妈放在砧板上的汤圆还在那里。他烧开了水，一个个扔了进去。

白色的汤圆起起伏伏，少华顿时有些出神。他洗了两个碗，各盛了六个。

"阿聪，吃汤圆了，没老爷子包的好吃。不过，凑合吧。"少华稍稍有些哽咽："好歹旧的一年总算过去了，新年要来了。"

少华回头的时候，窗外又开始下雪了。

情书再不朽，也败给了春秋

/ 1 /

孙教授收到薇薇情书的那一年二十八岁，薇薇十八岁，十年的跨度应该充满了鸿沟和变数。但当他打开那张洁白的信纸，看着隽秀而工整的毛笔字时，竟有些动容。孙教授没有立即给薇薇回应，而是冷静地对待这件事，两人的关系既没有变得亲昵，也没有因此疏远。薇薇还是会在他的课上坐第一排，认真记笔记，积极回答问题。孙教授在期末考试的时候给了薇薇一个A，他认为这是最好的回应。

孙教授突然想起自己的十八岁，在匆匆而逝的校园时光里，自己是瘦弱而独行的少年。他很少和班上的女同学说话，常常待在教室一角，认真学习。他很少参加班上的活动，只会在图书馆徘徊。而他从来不曾想过，英语词典里会突然多出一封信来，字很工整，一眼就能看出写信的人是女生。那个叫安安的女生似乎从来没有出现在他的生活中过，他甚至不知道安安到底是谁。信的内容很简单，只是说孙教授和别的男生不同，从他的身上，好像看见了午后的阳光。

后来孙教授才知道安安是谁,那个总是在大课教室里坐在自己斜对角,转头就会冲他微笑的女生。

孙教授没有想过在大学恋爱,从小城市千里迢迢来到上海的他,只想安心学习,找一份好工作。他没有给安安回信,也没有再收到安安的信,他们的交集只会出现在大课上,匆匆一瞥的一次微笑。

/ 2 /

薇薇在教室外的走廊等他,孙教授收拾好课本准备离开,薇薇突然叫了他。

"孙老师……"

"嗯?怎么还没走?"

"孙老师,你有喜欢的人吗?"

"为什么这么问?"

"没什么,就是忍不住想问问。"

"有。"

"哦,孙老师的女朋友一定很漂亮吧。"

孙教授和薇薇的对话在这个时候戛然而止。他的手机响了,他侧身接了起来。他寥寥几句,便告诉薇薇有事要先走,薇薇略显失望地点点头。

孙教授太熟悉这样的表情,好像某个时候,安安也是这样皱着眉头,站在走廊上,看着他的背影不肯离开。那天安安下课之后没有走，而是在教室门口等着他。年轻的孙教授准备去图书馆继续学习，而安安就在那里叫住了他。

"孙昊……"

"什么事？"

"这周我生日，你能不能来一起吃个饭？"

"我不去。"

"为什么？"

"不想去。"

孙教授没有再继续说，夹着书本就这样转身而去。安安没有追上去，也没有离开。孙教授并没有觉得自己说的话有什么不妥，那种无聊的聚会对于他而言，简直是浪费时间。

安安生日那天向一个男生表白了，那是他们班的体育委员，高高大大，有些木讷。安安抱着他，然后狠狠地吻了下去。

孙教授很长时间没有再看见安安，她不再来上大课了，孙教授的世界好像一下安静了很多。冬天到来之前，他过了英语四级和计算机等级考试，大学一半的课程他都自学完了。突然某一天，安安倒在楼梯间，他正巧看见，丢下书本，把她背到了医务室。医生说，她只是有些贫血，没什么大碍。安安醒过来的第一眼，看见了孙教授，冬日的阳光照进来，两个人却没有什么话可说。

/ 3 /

大三那年，孙教授拿到了保研的名额，他终于露出了久违的笑容。而同一天，安安失恋了，那个体育委员男朋友把她丢在了寝室后面的池塘边，告诉她，爱情到此结束。安安蹲在草坪上哭，正巧孙教授路过，他不知道池塘边上哭泣的女生是谁，只是走过去告诉她，天冷了，别在外面，容易着凉。安安点点头，回头看孙教授已经走远了，但她一眼就看出了那是谁，而且她太熟悉他的声音了。

就在孙教授准备好继续念书的时候，校领导公布的保研名单上居然没有他的名字。那一天孙教授感觉自己被骗了，在办公室找到老师奋力争取。最后老师不但没有给他名额，反而给了他一个处分。

孙教授坐在寝室后面的池塘边，突然有了轻生的冲动，就在他准备跳下去的时候，安安突然跑了过来。原来从失恋那天开始，她就一直在这里等着孙教授再次出现。她救了他，他第一次放声痛哭起来。

毕业那年，大学生已经跟白菜一样廉价，孙教授找了一份广告文案的工作，住在浦东十来平方米的小房子里，房间与房间之间是用木板隔开的，他经常在夜里听见隔壁的争吵和男女的喘息声。孙教授只是想再努力赚点儿钱，可以重新回到学校念书。他白天上班，夜里去做家教，回家之后看书，往往只能睡几个小时。

有一天，他突然接到安安的电话，安安说想来看看他，他直接拒绝，却在某天下班的时候，看见了蹲在门口的安安。安安提来了一大包干粮，看见那巴掌大的房间，她有些心痛。安安问他为什么不回老家，他说，如果回去，就是认输了。他失去的东西，一定要找回来。

安安对孙教授说："我来养你吧，你不要再这么苦了。"

孙教授冷冷地笑道："你回去吧，别瞎说八道了。"

安安执意要留下来，孙教授却把她赶了出去。他说了狠话，叫安安不要再出现在他的视线里。

安安就此走了，孙教授的世界再一次安静了下来，他望着夜里的星空，感觉自己就跟那些毫不起眼的星星一样。他咬着牙继续看书，等到周围房间都只剩下鼾声，才慢慢睡去。

/ 4 /

孙教授收到了安安的来信，一封，两封，三封……但他从来没有回过。眼看着那些信已经堆满了写字台，他不觉拆开两封读起来。安安在信里告诉孙教授，她会帮他存钱，会支持他，然后帮他找了好多考试信息。没多久，安安又寄来一大堆书，很多是孙教授有的，也有很多是他没有的，甚至有一些是他曾经想找但是一直找不到的。

有一天孙教授躺在床上，突然听到隔壁情侣的对话，他们应该是刚刚争吵结束，男生就这样低声对女生说："你再等等我，我不会让你再住这么差的房子了。"女生没有说话，接着就听到门打开又关上的声音。明明有一墙之隔，孙教授居然能够清晰地听到那个男生哭泣的声音。

两年过去了，孙教授的存折里终于存了足够多的钱，他写信告诉安安，多谢她长期以来的支持和鼓励。回头，他收到安安寄来的包裹，单薄的快递袋里，只有一本存折和一封信。安安说：恭喜你，你也要恭喜我，我下个月要结婚了。我一直等着你，等着你，终于等到了你的信，那一天我哭了。我从十八岁给你写第一封信，到今天，整整一百封，我以为我一辈子也等不到你的回信了，但是我等到了。存折里是我的心意，你必须要收下，密码是你的生日，你不要问我怎么知道的。

安安寄来了请柬，请柬上，她和她未婚夫看起来很般配。但是孙教授没有去参加她的婚礼，也没有在当天打电话给她祝福。他把安安寄来的银行存折寄回给了她，顺道寄了一封信，里面有两个字：谢谢。

/ 5 /

孙教授很快就考上了研究生，而且念了他一直想念的心理学，学费不菲，但他足够支撑。他一面继续打工一面学习。但是没多久，他又收到了邮局的通知，告诉他寄的东西被退回来了。他打电话给安安，安安却挂断了他的电话。无奈之下，他只好把那本存折压在枕头下面，从不触碰。

因为孙教授表现优异，很快导师就推荐他去海外。离开上海那天，他打电话给安安，安安依旧没有接电话。孙教授发了一条信息告诉她，他要走了，祝安。

孙教授在国外的日子并没有想象中那么好，身边的人并不是那么热情，而且他居住的环境周围经常发生抢劫和凶杀。他在入秋的时候接到安安的电话，安安说："我现在就在你家门口，你会不会接待我？"孙教授有些吃惊，打开门，却只看见漫天的梧桐落叶，门口什么也没有，只有偶尔路过的一两辆车。这时孙教授略微失望地关上了门，安安说："我和你开玩笑，别当真。今天给你打这个电话,是告诉你,我怀孕了。"

那一夜安安居然敞开心扉和孙教授聊了很多,关于各自的生活,从大学到现在。孙教授突然意识到自己也可以开口说这么多话。安安说:"如果你回来,能不能来看看我?"孙教授说:"不能。"安安早就预料到了这个答案,只是莞尔。末了,孙教授才意识到国内早已是半夜,他说:"你一个孕妇不应该这么晚睡,你丈夫呢?"安安没有回答他,而是道了一声晚安,挂了电话。

很长的时间里,孙教授没有再接到任何安安的电话,他突然发现,安安在自己的生命中总是突然地出现,又突然地离开。深冬的时候,孙教授被抢了手机,他追了几条街也没有追到,他花了很少的钱买了一个只能打电话的便宜手机。可是,他发现他真正能够记住电话号码的朋友少之又少。他感觉到自己被世界孤立了,完全被抛弃在了世界的另一头。

期末考试的那个C让他第一次感到绝望,他蹲在铺满大雪的喷泉旁边喝到烂醉。他抓起电话,却不知道能够打给谁。这个时候,他突然想到了安安,第一次那么渴望听到安安的声音。

春末夏初,他收到一封来信,安安那文静的字还是一如当初,他拆开仔细阅读。安安说已经很久都打不通他的电话了,也没有办法找到他的联系方式,不知道这封信到底能不能送到,但她还是试了。她生了一个儿子,很开心。她附了一张儿子的照片,孙教授看了几遍,最后竟然有些想哭。

他写信告诉安安,他电话被抢了,换了新的号码,没有说别的,但希望他们母子开心。

/ 6 /

孙教授在街角的咖啡厅看见她,回国后去了她的城市,给她打了一个电话,约她出来。她推着婴儿车进来,头发已经剪短,身材也有些走样,但是他还是一眼就认出了她。他问她要喝点儿什么,安安只是摇头,说:"自从生了孩子之后,就越来越不喜欢这些饮料了,白水就好。"

孙教授看着她,问她最近可好。安安摇摇头,说:"没什么好,也没什么不好,我离婚了。"孙教授望着她,半天说不出话来。安安呡了一口白水,然后说:"结婚之后我们大吵大闹,他不是砸东西就是打人,总归是我遇人不淑。发现怀孕之前我们就分开了,对方之后还回来要过几次孩子,现在我还官司缠身。"她一边笑,一边说着自己的无奈。孙教授说不出别的安慰的话,只道:"什么事都会过去的。"

安安笑,说:"我记得你曾经说你不会来看我的。"

孙教授尴尬地说:"在伦敦的那些日子,我突然发现原来自己一直活得很失败,甚至有那么几次,我又想起念大学那会儿要跳湖自尽的事,真是差劲透了。"

安安耸耸肩,说:"谁不是呢,有几个人活得开心呢?"

孙教授突然握住安安的手说:"让我来照顾你吧,就像你当初说的那样,让我来养你吧。"

安安迟疑了那么一会儿,很快又把手抽离开。她淡淡一笑,说:"抱歉,我想我不能答应你了。我为孩子找了一个父亲,我想他应该会对我们很好的。"

孙教授收回手，低下了头，说："我自作多情了，不好意思。"

那天夜里，安安送他到机场看着他进安检，她始终笑着对他，却在转身时流下泪来。

/ 7 /

那是孙教授最后一次见到安安，之后便再也没有她的消息了。有人说她嫁去了国外，有人说她自己当上了老板，也有人说她和孩子不幸遭遇了空难，不管哪一种，孙教授都没有再见到过她。

孙教授有些出神，薇薇突然叫了他一声，这时他看到她旁边那个高高大大的男生，略显腼腆地跟着叫了一声"孙老师"。孙教授微微点头，然后说："下周就结课了，以后怕是很难看到你了吧。"薇薇说："不会的，我有机会还会来听孙老师的课的。"

孙教授看着他们慢慢走远，突然像是回到了很多年前的那个下午，安安趴在体育委员的背上，懒洋洋地路过铺满落叶的校园路。他就这样背着她走远，从前是，现在也不过如此。

那天夜里，他突然调了收音机，播音的主持人念了一封大三姑娘写给大四学长的信，她说："时光再匆忙，好歹让你我从世间走过，我总以为快步追上你的时候，才发现我们之间已经有了越不过的鸿沟。惜别伤离方寸乱，忘了临行，酒盏深和浅。好把音书凭过雁，东莱不似蓬莱远。"

孙教授回过头，枕头下面还藏着那本存折，只是那真金白银的数字却抵不过相识的岁月，更敌不过已经走失的春秋。

你写进了我的故事，却成不了我的传奇

以默正在砧板上切葱姜末的时候，手机里突然跳出了他的信息，他说："不知姜小姐周五晚上是否有空？"以默只是看了一眼，并没有立马回复，很快短信又跳了出来。她安静地炖着汤，最后一条信息是："如果可以给我一次机会的话……"以默洗手，重新拿起手机，打了几个字，发了过去。

"周五晚上有约，对不起。"

他出现在姜以默的世界无非是个意外，她也没有意料到突然身边多出一个追求者来。他那天西装革履地站在她旁边，听朋友介绍，他叫郑东辰。以默简单地点头，他的眼神从头至尾都没有从她身上移开，他的声音很好听，但是看起来却有些落拓。朋友说，他去年和朋友在深圳投资失败，又遇上女友劈腿跑路，挺倒霉的，但人是个好人，以默可以考虑。

以默回头看他时，两人四目相接，电光石火的刹那，他的酒杯被旁边的人碰了一下，洒出的酒落在他的白色衬衣领上，以默转头，没有再去注意他。

不知道他从哪里要来了以默的电话，已经过了而立之年，一事

无成,似乎过了潇洒的年龄,想找一个合适的女性安定下来。姜以默,广告公司市场部总监,一等一的美人胚子,单身,温和,怎么看来都是贤妻良母的典范。以默对他并不感冒,陌生号码的突然闯入反而让她有些反感。她礼貌地和他交谈,却周旋在每一个话题边缘,既不彻底地拒绝,也不顺应地答复。

最终敌不过郑东辰的狂轰滥炸,以默在一个大雪纷飞的夜晚和他相会。他坐在她对面,说起自己那些并不成功的经历:"累了,是真的想安一个家。"以默笑着点点头,却装作没有听懂郑东辰的话。他说:"我知道姜小姐如今也是一个人,虽然我生意失败,但是,在上海还有一套房子……"

以默笑着摇头:"如果要说房子,我自己也能够支付。如果感情要用物品来量化,那或多或少都有些亵渎的意思。"

"抱歉,我不是那个意思……"

"我不缺钱,我想你也知道。"以默说了句心里话。

剩下的半个小时几乎都是郑东辰在道歉。之后,他们又约过几次,姜以默知道郑东辰是真的喜欢上了她。

一切似乎并没有太差,姜以默坐在办公室里望着窗外的上海,林林总总的建筑之后,是多少流离失所的寂寞和忧伤?她看着手机里的未读短信,知道都来自谁。半年的时间内,郑东辰不止一次求婚,姜以默觉得太快,连男女朋友的关系都还没有建立,根本不可能立马升级到谈婚论嫁的地步。

"像你这么帅的男人,应该有很多人追吧?"姜以默在某个雨天和他共伞时问道。

"我吗?哈哈,年轻的时候,倒是经常收到女生的情书。那时候打篮球，成绩也不差，你知道的，小女生都喜欢那样的。"郑东辰傻傻地笑道。

"特别能满足你的虚荣心不是吗？把那些女孩的情书扔进垃圾桶，然后得意扬扬地告诉别人，你要以学习为主，不谈恋爱，不是吗？"

"那时候倒是真的这样，不过，也没有你说的那样过分啦。"

"能送我回家吗？"这是第一次，姜以默邀请郑东辰去自己家。然而，事情并非郑东辰想的那样简单。姜以默在家楼下和他道别，也没有邀请他上楼去的意思。郑东辰难免有些失望。每次这种点到即止的克制，让郑东辰非常难受。他突然觉得姜以默并不是那么简单的女子，更像是一个特别厉害的情场高手。

对于男人而言，得不到的永远在骚动。

姜以默去台北出差的时候，郑东辰请假去台北找她。原本想借机和姜以默在台北玩两天，谁知姜以默却告诉他，自己工作很忙，基本没有时间。郑东辰找到她的酒店，看着她早早返回，并不像她口中说的那样忙，心急火燎地跑上楼去敲她的房门。她开门看见他，没有露出什么诧异的神情，也没有任何喜悦的神色。姜以默换好衣服和他出去，夜里的台北比想象中的热闹。郑东辰借来一辆自行车，说载姜以默逛逛，姜以默点点头。

还在上学的时候，郑东辰的单车后座不止坐过一个女生，她们都光鲜亮丽，和如今的姜以默一样。郑东辰的品位自始至终都没有变过，他爱的人，永远都是漂亮优秀的那一个。姜以默坐在后面，原本夏季很炎热，台北的风却并不燥热，反而有些清凉。她默默地靠着他，好像又回到念书的那些年。

"听说姜小姐也是无锡人?"

"不错。"姜以默果断地回答道。

"我也是无锡的,或许我们以前还见过呢。"

姜以默笑笑,摇头说:"我可没有那样的荣幸。"

"如果当年你认识我,没准儿就爱上我了。"郑东辰恬不知耻地笑了笑,敞开的衣裳随风鼓起来。姜以默闭上眼睛,却根本听不进郑东辰的话。

那一夜,姜以默吻了郑东辰,很淡,就像是一支薄荷烟。郑东辰抱着她,她没有拒绝。姜以默说:"如果早一些相遇,或许我们便不可能有这个吻。"

郑东辰发现他彻底爱上了姜以默,闭上眼睛就能够想起她那娇俏的脸庞。但从台北回来之后,姜以默却越来越少联系郑东辰。他也不清楚这女子到底在忙什么,通过联系姜以默的朋友,得知她已经和公司的一位男同事订了婚。

郑东辰到姜以默公司楼下去找她,她并没有躲闪。

"我是做错了什么吗?之前不都好好的吗?"

"你没有做错什么,只是我觉得我们并不合适。"

"为什么不合适呢?这一年的时间我们不都相处得好好的吗?"

姜以默浅笑道:"你喜欢动作片,我喜欢文艺片;你喜欢卡布奇诺,我喜欢美式苦咖啡;你喜欢海滩,我喜欢城镇。其实,我们处处都不合适,而彼此刻意将就着对方,你不觉得累吗?"

"但是我喜欢你。"

"不,你不是喜欢我,而是喜欢我的样子。如果我不是现在这副模样,你还会喜欢吗?"

"什么意思？"

姜以默没有接郑东辰的话，绕过他，下了地铁站。

十分钟后，郑东辰收到姜以默的一条信息，那是一张图片。图片上的姑娘又胖又丑，但他却非常熟悉，那是他曾经的高中同学，姜静茹。

"十六年前你说的话，我现在还给你。我们不合适，不是爱与不爱的关系，而是我没有办法接受，只在意我容貌的你。"

姜以默关掉了手机，地铁进入了地道之中。十六年前，她和许多女生一样暗恋过那个个子高长得帅打球好的郑东辰，也像大多数傻乎乎的女生一样上前递过情书，当然，也和大多数女生一样被他无情地拒绝过。更重要的是，他私下也和其中一些女生交往，然后又抛弃掉她们，轮到自己，郑东辰曾当着许多男生的面指着她说："像你这样的长相，真的很难让男生喜欢啊，你就不要像那些庸俗的女生一样，喜欢我的样子了！"然后笑着撕掉了她的情书。

那次之后，郑东辰把这个当作笑话不断翻出来说，到了毕业的那天，居然过分地把暗恋过自己的女生名字写到黑板上，最后写下"姜静茹"的时候，把三个字写得又大又丑："真是癞蛤蟆想吃天鹅肉啊！"

姜以默从韩国回来之后，不曾想过会遇见郑东辰，也不曾想过曾经那么高傲的家伙如今沦落到这个地步。然而，他依旧是那个他，只是再也认不出自己来了。她变成了另一个人，一个以前的人都不再熟知的另一个人。

她想过报复，也想过摧毁，但最终，她选择了放弃。在我们对世界的认知渐渐成熟和宽容的时候，那些曾经许多的不可原谅和嫉恨至深的往事，都变成了无足轻重的小瑕疵。只是在发生的那一刻，我们无论如何都要放大它对自己造成的影响，注定在当时不能容忍这一丝一毫的不完美。否则，事后我们怎么长大，又怎么去试着接受这个并不完美的世界？

郑东辰的电话没有再打过来，自然后来他也没有再出现过。姜以默的手机里，并没有删掉"郑东辰"的名字。在她看来，他就是我们人生中那些留下名字，却终究成不了传奇的人。但正是因为他们，我们才能更加认清人生。

我在翻山越岭的另一边,看着你幸福

/ 1 /

"对了,L在干吗?"

喝酒的时候,一桌的人嘈杂不堪,我碰了碰Z的手肘,没头没脑地问了这么一句。Z俯下身子,耳朵尽量靠近我嘴巴,又问了一遍:"什么?"

我不知道自己为什么会突然提起L,多少年没提起的名字了,三年还是五年,可能有七八年了吧。要不是微信突然闪退,要重新登录,我在输入密码时,竟然发现里面还包含着L的名字,也不会问这个问题。

"我说,L在干吗?"

Z哦了一声,然后抿了一口酒,说:"恋爱吧,好像之前和男朋友分手了。不过你也知道,恋爱嘛,就是这样,分分合合,没个定数。"

"也是。"

我看着Z,又和他干了一杯。多年前的我一定想不到,有一天我会从Z的口中来打听L的消息,而且好像全世界,只有Z还知道她的消息。

/ 2 /

我是在八岁那年认识L的,算来真的是很久远的事情了。升入二年级的时候,L突然从别的地方转到我们班上。对,和大部分故事的桥段差不多,L是转校生。但是我们并不是同桌,也不是前后排,没有好学生带后进生的故事,只是单单的转学。L突然出现在了我们班上,坐在一个大胖子旁边。我那时候和L的座位相距很远,何况对于一个刚刚转校而来的学生,压根儿没有想过有任何交集。

我和Z讨论起L来,总是会说,那个时候啊,L就是扎着一个马尾,白白净净的,一点儿也不像乡下来的姑娘。然后彼此笑起来。

后来,她同桌那个大胖子总是不做作业被老师拧起来打,L就被安排帮助他学习。对,那时候和L有故事的是大胖子,和我与Z都没有关系。每次老师一骂大胖子,所有人的目光都要转向他们那个座位,就是那个时候,Z和我说:"L看起来还挺漂亮的。"我朝Z笑道:"是吗?我觉得一般吧。"

没多久,大胖子就转校了,L被分配跟另一个差生坐在一起,具体是谁,我已经忘记了。而我和L一样,都是班上名列前茅的好学生,甚至很多时候我比L成绩还要好,在语文老师眼中,我是一个特别会写东西的小伙儿,她经常把我的文章拿出来当范文念,唯独有一次,老师念了L的一篇文章,大大地表扬了她的进步。而那一次，我居然感到了威胁。现在想想，那时候我把自己在老师心中的地位看得太重了，于是发奋在家看完了四大名著，一个假期回来，再也没有人写作赶得上我了。

那些年我和Z格外调皮，经常放学混在一起扇纸画，不回家。有几次L撞见了我们，还以老师的口吻叫我们不要逗留。没多久我被班主任叫到办公室谈话，一度认为是L告的密，那时候我就和Z说："L真是蛇蝎心肠。"Z点点头，其实他当年都不懂这个词是什么意思。

于是，我和L就此结下了梁子。

/ 3 /

在我们上小学那个年代，放学之后除了游戏机室最喜欢去的就是漫画屋，我和Z常常在那里租漫画，从《龙珠》到《灌篮高手》，从《鬼神童子》到《幽游白书》，我们一边讨论里面的剧情一边学着里面的人打闹。那时候我的抽屉里堆满了漫画。

有一天L走过来，说："你那本《幽游白书》能不能借我？"我看了她一眼，嘻嘻笑，说："不好意思，我还没看完。"L说："其实我假期已经看完了，就是看见你在看，想再看一遍。"我只是哦了一声，也没有想继续说下去。没想到她却说："如果你想看富坚义博别的漫画，我可以借你。"

你能想象小孩子讲和的缘由吗？就因为那么一丁点儿的好处，就立马收起了自己的立场，上一秒还说不要理你呢，下一秒就可以和对方打得火热。就是从那个时候开始，我和L有了共同话题，听起来总有些神奇。

而接下来的那件事,更是让我对L另眼相看了。

没多久L做了班长,我做了副班长,两个人好像聊得更开了,也经常一起出入老师的办公室。

一天中午,不知道是哪个家伙把我抽屉翻了个遍,从里面掏出几本漫画,不巧的是,其中有两本封面有些暴露,好事者就举起来在班上吆喝,说我看黄色漫画,要交到老师办公室。当时我就慌了,和那个人扭打起来,书被撕破了。那个人说:"我就是要告诉老师!看看你们这些好学生在做什么。"这时候L突然站出来说:"你懂什么黄色漫画?你翻别人抽屉就是偷盗行为,你以为你很了不起吗?你要告诉老师他看黄色漫画,我就告诉老师你偷东西!"这时候,那家伙一下蔫了,说不上一句话来。L帮我把书捡起来,趁下课时间用胶带帮我粘好,然后安慰我说:"别理那个家伙,漫画里面有些图就是这样,只是他们不懂而已。放心吧,他们不敢告诉老师的。"我接过书,看着那歪歪扭扭的封面,想着还书的时候肯定要赔钱了。

其实赔钱是小事,那时候我是真怕,虽然调皮,但我依旧觉得"看黄色漫画"是很重的"罪行"。要不是L当时站出来,我实在有些不知所措。

/ 4 /

从那时候开始,我和L的关系越来越好,有时候和Z在一起也把L叫上。三个人经常去河边玩,好多个下午,总是我们三个坐在河边看货船，听鸣号。可没过多久，我们学校有个学生在河里淹死了，于是全校号令，不准私自去河边玩，要是被发现，就要严肃处分。而我们三个却依旧偷偷跑到河边去，春天放风筝，夏天捉河虾，L喜欢和我们讨论漫画里的剧情，有时候要争论好久。悠悠的小学时光看着就要走到尽头，我从来没有想过我们之间的关系会有所改变。直到有一天，老师突然把我叫到办公室，问我："你是不是和L在谈恋爱呀？"

对于一个十二岁的孩子来说，他其实很难去判断什么叫谈恋爱，甚至也不知道自己到底对于另一个人喜欢还是不喜欢。

这时候我只是摇头，眼神中充满了不解和惶恐。老师叹了一口气，说："六年级的学生是最麻烦的。班上有人告诉我，你和L每周都会出去玩，有时候还去河边对不对？"我低头不说话，老师直直地盯着我说："你最好把心思都放到学习上，马上就上初中了。你们可是好学生啊，要带头做榜样的！"

那天回到教室，我坐在后面看着L的马尾辫，她还是和往常一样坐得那么笔直，而我就这样呆呆地望了她一节课。我是喜欢她，还是不喜欢？甚至我也不清楚那种无话不谈是不是喜欢。

很久以后我问过Z这个问题，喜欢一个人到底应该是什么感觉，是看见她就高兴，还是看不见她就伤心？Z没回答，又矛盾地说："喜欢一个人，既可能高兴也可能伤心，甚至有那么一瞬间，你还想变成跟她一样的人。"

那个空荡荡的下午，我破天荒地没有和L讲一句话。我坐在座位上安静得像个刚刚入学的新生，看着窗外随风飘荡的树叶，想着离小学毕业也没有多少日子了。

/ 5 /

上初中的那年,我和L没有同班,L和Z倒是分在了一个班。因为长时间不相处,即使在走廊遇到,我也只是和她打打招呼。有时候她到教室后门来找我,借给我她新买的漫画,有时候我借我给她买的小说,我们的交流成了彼此借书,有时候下课只是顺道聊两句。她喜欢拍着我肩膀说:"喂,你最近精神好差,不会是生病了吧?"我也只是简单地笑笑,也是那个时候,我突然发现L很好看,和我当初看到的她不一样了。

下课的时候我经常从他们教室走过,看见Z和L在开玩笑。他们看见我,会朝我叫一声,让我进他们教室玩。但是看着那些陌生的面孔,我只是笑着回应说算了。

有一天,我突然问了一句:"L,你有喜欢的人吗?"

L蒙了一下,然后稍稍红着脸说:"没有啊,干吗?"

我说:"没事,就随口问问。"

那天下午放学Z来找我,说:"周末约了L一起去河边玩。"我说:"不想去。"Z说:"怎么了?"我说:"就是不想去。"

那天我提着书包走了,就这样毫无缘由地冲着Z发了一顿脾气。

没多久,我收到班上一个女同学写的情书,内容很简单,就是我喜欢你。我把这件事告诉了Z,Z说:"为什么没人写情书给我,那你喜欢她吗?"我又被这个问题困住了,喜欢吗?不知道。我对Z说:"或许吧,反正不讨厌。"

几天后L在走廊看见我,她的脸色很差,甚至没有和我打招呼的意思。她从我身边急匆匆地走过,看都没有看我一眼。那天我写了一封信让Z交给L。当天晚自习，L就把信还给了我，她对我说："如果你喜欢她，就不要再跟我说话了。"

感情有时候很简单，喜欢就是喜欢，不喜欢就是不喜欢。

感情有时候也很复杂，复杂到你不清楚到底是喜欢还是不喜欢对方。

之后很长一段时间，我和L断了联系，她最后借我的书还在我的抽屉里，而我一直没有机会还给她。没多久，初二就结束了。那个给我写情书的女生见我没有回应，也交了别的男朋友，而我就准备这样安安静静地度过初中。

初二暑假的某天，Z和我一起去参加一个同学的生日宴。那天晚上我们喝了很多啤酒，Z和我倒在桌上，说了很多小学的事情。最后Z问我是不是喜欢L，我说没有啊。Z说，你别骗我，我可是知道的。最后我红着脸，吐着酒气，打了一个嗝，说："喜欢又怎么样，不喜欢又怎么样？"Z一拍我后脑勺，说："喜欢就要去追啊！"

那天夜里Z擅作主张给L打了通电话，他说："阿光喜欢你啊，他刚刚跟我说的。"我一把抢过电话，和Z吵起来。Z推了我一把说："你装什么啊，喜欢就是喜欢啊，有什么好隐藏的？"我说："我的事情不要你管啊！"最后，我摔了那瓶啤酒，转身跑开。

回家的时候，妈妈说L打过电话来，我没有理，蒙头就睡了。

L站在走廊等我，她提着一个袋子，袋子里装着我借给她的书,六本,我记得很清楚。L说:"还给你,借了很久了,其实早就看完了。"我接过那袋书,L准备转身走,我叫住了她。

"那个……你还在生气?"

L看着我,摇摇头,没有笑,也没有别的表情,只是看着我,说:"没有。"

我说:"那你为什么不和我说话?"

L说:"因为不知道说什么。"

我突然抓住她的手,这时候有人过来了,她很快抽离开,然后后退了两步,说:"阿光,我中考结束要去城里念书了。"

我简单地哦了一声,但是那句"你喜不喜欢我"最终也没有问出口。

/ 7 /

升入高中之后,我和Z都留校了,L去了城里一中。很多时候L都会给Z打电话,说她在一中的事情。我和Z见面的时候,Z会和我提起,然后说,你有空可以去看她,她说她在那边没什么朋友。

我点点头,但是从来没有和Z一起去看过她。

我和L加了彼此的QQ,却很少聊天,有时候会简单问候几句,L便说她要回学校了。周末的时光总是短暂的,常常还没有聊什么话题,就到了说再见的时候了。

高二那年的冬天,我买了车票去城里,想把我用压岁钱买的一套漫画书作为圣诞礼物送给她。当我站在一中门口看到她时,突然有些说不出话来。L还是像以前一样,拍一下我肩膀,说:"最近还好吗？"我看她脸颊冻得有些红，问她是不是不舒服。她说没有，挺好的。那天我们在KFC吃了一个全家桶，然后我把一大袋子书推给了她。她看着书突然哭了，我问她怎么了。她却只是摇头，不说话。后来我陪她走了一段路，路上只是我一直在说，说高中的课程，高中的老师，Z和那群狐朋狗友的糗事。最后L停下脚步，对我说："到了，谢谢。"

L提着那袋书，慢慢走在路灯下。我有那么一刻想要冲上去叫住她，可是很快她就在拐角转弯，消失在了夜色中。

/ 8 /

在那之后，我再也没有见过L，我甚至不知道L的QQ头像为什么突然就灰掉了。我给她留了很多言，但是她都没有回过。有一天我QQ被盗了，那时候根本没有办法找回来，因为没有密码保护，丢了就只能丢了。我难过了一下午，那个只有五位数的号码，就这样再也不属于我了。

我很担心L留言给我，我申请了新的号码，在设置密码的时候，不由自主地设置了L的名字。我问Z要来了L的QQ号，但是我的验证消息发过去，却再也没有得到过回应。

我最后一次见L，是在Z考上大学的谢师宴上。L穿着洁白的裙子出现在大家面前，而我和她坐在两张桌子上。我回头去看她，她却只是和其他几个女同学在聊天。她来得很匆忙，走得也很匆忙，没有赶上最后的合影，就先走了。Z推我去送她，她摇头推托，说："不用了。"我愣在那里，看着L背过身去。

在那之后，我再也没有见过L。

Z为此和我吵了很多次，说每次打电话都帮我说好话，但是我就是不争气。我没有理会Z，回头看手机上的QQ，好像根本找不到L，才想起她根本没有通过我。

/ 9 /

这些年，我认识了很多人，QQ上的名字也越来越多，分组已经分得眼花缭乱。而后微信也好，别的也罢，我的密码都没有再改过。每当我登录一些东西的时候，总是不经意要打出L的名字，然而，我已经渐渐忘记了L的模样。

有一次和一个朋友聊天，说到年少时候的爱情，他问我有没有什么特别想说的。我说没有，他说他有。他曾经有过一个非常喜欢的女孩子，喜欢到他认为那就是他这一辈子应该娶的人；但是，最后那个女孩子还是没有嫁给他，因为他总在等待最好的时机和女生表白，而那个女生最后也不知道他喜欢她。

他说的时候很感慨，自己笑了笑，然后问我是不是很傻。

我说也不是很傻啊，只是有些东西，错过了，就是错过了，或许它原本就不属于你。

我问Z关于L的事情的时候，其实很想Z告诉我她结婚了，或者生孩子了，要么嫁给了能干的男人，要么嫁给了爱她的男人。但Z总是和我说："她啊，也很少和我说话了。不过我想她应该过得蛮好的，大学学了医，出来进了医院，总的来说，不算太差，不像我们。"

我说:"是啊,挺好的。"

Z说:"怎么,想旧情复燃啊?我这里有她的电话,给你啊。"

我笑着说:"神经啊,几百年不联系了,有什么好要的?"

Z说:"那你问她干吗?"

我说:"只是想起来,以为她消失了。"

路过书店,看着那些安静看书的少男和少女,想起很早以前我和L走在路上说:"我有一天会写很多书,跟这些书一样好看,到时候一定会第一时间拿给你看。"

L说:"好啊,到时候我一定要做你的第一个读者。不给我看,我就打死你。"

而现在,我的书架上,放着我写的那些书。但是,再也没有见过L,一次也没有。

Six

新增特辑

XIN ZENG
TEJI

Different
from others

别以为你只是个听八卦的人，
你自己往往就是八卦本身

我有很长一段时间都没有和王爷联系了，她自从离开我的老东家之后，就失去了踪影。不过她素来不爱与人闲聊，我不给她发信息，她也绝对不会找我。

我打开微信，注意到我和她最近的一次聊天记录，竟然是去年圣诞节的时候。我当时问她最近在干什么，她回我的是：主业做采购，副业做老师，正在筹钱打算开一家奶茶店，当然她最想开的还是杂货店。看着这样的回复，我就放心了，至少我知道她的生活还是如此充实而有自我的节奏。

但最近，我突然想和她联系的原因是我听到了一条还算有趣的八卦，关于我们都特别熟悉的朋友的事情。在告诉她之前，我想好了恰当的措辞，以防我一激动，语无伦次。但是，没想到的是，我辛辛苦苦打好接近六七百字的信息，给她发过去之后，得到的却是一阵沉默。

她说："真可怕。"

我说："对，完全没想到。"

她说:"我说的是你。"

当这句话出现在我们的聊天记录里面时,我才意识到,她还是她,一点儿没变,不仅冷酷无情,更重要的是,过去这么久,她还是八卦绝缘体。

王爷突然和我说:"你知道吗?以前我跟客户吃饭,最怕听的就是八卦。那时候,我每周出差,饭桌上最不缺的永远有两样东西,一样是菜,一样是话。当时有个客户,虽然算不上行业内有头有脸的人,但至少圈子里人人都知道他,几斤几两其实谁都清楚,但每次一和他吃饭,别提多难受。你嘴上说谁,他都认识,好像都很熟的样子,对别人评头论足不说,他还喜欢颠三倒四地传别人的事,但凡和他有一丁点儿关系,他都能说自己在那件事中发挥了多大的作用。"

王爷回忆起他们一起有过的饭局,有Z的场合,他说K的八卦,Z也跟着抖K的八卦;有K的场合,他抖Z的八卦,K也跟着抖Z的八卦;要是Z和K都同时出现的场合,他就抖M的八卦。看起来饭局上一片其乐融融的样子,但是谁都知道彼此心怀鬼胎。

王爷说:"想想是不是很可怕?你每次听得乐呵不已,好像一个八卦就拉近了你们之间的距离。却不知道,你在背后早就成了对方的下酒菜。"

听了王爷这么说,我突然想撤回我发给她的那条信息。我为自己的八卦之心感到羞愧,和她说了声对不起。

她说:"你该道歉给的人又不是我。"

她说的事情,突然让我反思了起来。自从搬到北京之后,和上海相比,饭局一下多了好几倍。差不多每过几天就有朋友说出来聚聚，三里屯喝个酒，芳草地约个饭，双井漫咖啡谈谈合作。北京说小不小，说大也不大，特别是同行业的圈子，时不时你就发现，刚加的朋友，点进去看他的朋友圈，共同好友还真不少。所以，往往在饭局上八卦也特别多，像王爷提到的那种情况，我也不是第一次遇到了。

前两天，我一个好朋友来找我聊天，说她听说某个朋友T在饭局上骂了她特别好的一个朋友P，让她不爽的是，这个T根本就不认识P，满嘴跑火车不说，还一直吹嘘自己很厉害，把别人贬低得一无是处。好朋友和我说："虽然以前和T挺好的，但是和他吃饭，总听见他在骂别人，我心里就窝火，好像全世界都欠他的。搞不好我不在的时候，他也在骂我，想想就不愿和他深交了。"

而事实证明她说得没错。我有一次和T吃饭，确实就听到了他说这个朋友八卦的情况，那大概也是我最后一次和T吃饭，因为我也不想自己成为他下一顿饭局的谈资。

我突然就明白了王爷不爱听八卦也不爱说八卦的原因。谈论八卦的时候确实很开心，毕竟都是和自己无关的事情，别人怎么糗怎么出丑怎么不堪，在人们谈笑间，怎么都有些落井下石的意味。不管你们谈论的是不是你的朋友，设想被谈论的那个人是自己，心里多少也会有些不好受。

但王爷很快就说："生活呢，要是没了八卦，那也是真够无趣的。其实重点不是你说不说八卦，听不听八卦，而是你在听到这个的时候，自己所持有的态度。"很多时候，大部分人因为生活趣味匮乏去了解别人有趣的生活，这也没有什么问题。听到哪儿算哪儿，谣言止于智者，确实如此。而更多的人当然是以看客的心态看看热闹，调侃调侃，也未曾想过自己的一举一动最终会伤害到别人。可如果长期把自己熟知的朋友当作信手拈来的话题，那就要审视一下你所交的这个朋友了，毕竟，你口口声声说那是你的朋友，你最有权利捍卫他们的隐私。

就像小说电视剧里经常提到的，人来到这世上摸爬滚打，谁都有出丑犯糗的时候。要真是够奇葩的人，你也不会把他当朋友。既然是你的朋友，再奇葩能奇葩到哪儿去？朋友的事儿不是不能说，开玩笑也有个限度。要真想说朋友什么事儿，我们当着朋友面说。哪些话能说哪些不能，当面说的时候最清楚，既能把握尺度，让其他人一笑了之，也算给朋友一个台阶下，大家嘻嘻哈哈不伤和气。

那天结束聊天的时候，我问王爷什么时候到北京来，王爷说："随时能来，只是现在不想来。待在家的这段时间，我又抽空去了好几个城市旅游。要是来北京了，估计又要重蹈覆辙地把自己忙死。"最关键的是，她真怕自己到了北京，像她这样不混圈子，不去饭局，不说八卦的人，会不适应这个城市。不过想想，每个人都那么忙，哪儿会真的有人有时间讨论你呢？除非，你真想去讨论别人。

我的生活总有一丝丝的不安，那样就很好

记得我还在公司上班的时候，有段时间状态非常不好，只要稍稍放松下来，就会感觉手机在振动，然后摸出来，什么信息也没有，更别说什么未接来电。只要夜晚看见是领导打电话过来，不管是什么事，首先想到的一定是坏事，感觉自己是不是又犯错了，或者负责的项目又有了问题。

那段时间我睡眠很浅，总是在半夜醒来。即使知道工作说到底不过是养活自己的一种方式，它不会因为失误就让你掉块肉，脱层皮，甚至丢掉性命，可是不知道为什么，我总觉得自己已经近乎神经衰弱，再撑下去，距离抑郁症就不远了。

但总有这样的一拨人，做着和你差不多的工作，却看起来很轻松，让人感觉他们没心没肺，好像天塌下来也与他们没有关系。比如，王爷，当然，也不止她一个。

那时候我就有过疑问：你不觉得工作很累吗？不是体力的那种累，是心累。

结果王爷说："当然会累了，怎么可能不累？但是我已经习惯了，习惯了生活中不是一帆风顺，随时都可能磕磕碰碰，而那一丝

丝的不安,反而让我感觉很好。"

我更疑惑了:"为什么?"

王爷说:"人生最有意思的地方就是,你觉得一切都顺利了,厄运很快就来了,但你总觉得步步艰辛的时候,反而谨慎地走到了最后。"

那时候我天真地以为,这完全是工作的原因。好像每一刻都在玩扫雷游戏,一个不留神点到炸弹就全盘皆输,只有彻底地点游戏右上角的红叉关闭,才可以真正game over(游戏结束)。

而事实上,我错了。

三年后,我离开了那家公司,准备开启新的篇章。我拿着一点儿积蓄和找朋友借来的十万块钱去创业了,钱很少,经验也不足,但我自己是老板,什么事情都是我自己说了算。在办学校的那段时间,我非常认真地思考过一些问题:比如我终于不用再受领导的气了,甚至可以时不时捉弄一下自己的员工,不用再担心负责的项目到底有没有问题,也不用再害怕谁打来电话。

筹备学校的过程中,有很多人帮忙,事情进展也算顺利,手续和营业执照很快就办了下来,招生也比我们预计的要好,甚至因为我们服务周到、理念新颖,很快就吸引了许多家长和学生。就在我觉得新的人生在慢慢起步的时候,问题来了:学生的成绩并没有达到家长的期望,我们的教学和学校的教学出现了相悖的情况,学生不愿意相信我们,中间还出了一两个小变故,导致家长退款,带着孩子愤然离开。

为了维持口碑,我和几个小伙伴都非常辛苦,最终虽然保住了口碑，却让员工疲惫不堪，大家开始烦躁、心累，这种情绪很快就影响到了我。而且在负债累累的情况下，要继续下去，其实很难。

那时候我就想，我还是把人生想得太过简单了，觉得一切都来得太顺利，而忽视了它可能会失败的情况。

最后，我分析了整个局势，意识到自己的许多做法是有问题的，可是我却没办法挽救。为了不耽误大家的前程，我最后只能解散了创业队伍。

//

同一段时期内，我另一个朋友，也经受着煎熬。

在他顺风顺水的第三年，公司下放了几个升职名额，所有人都认定其中一定有他，他也一直抱着这种希望。因为在这三年里，他一直是被领导看好的那个，工作努力，积极向上，处理事情有条不紊，他要论第二，无人敢称第一。可是最终名单下来的时候，他没有升职，反而被告知他所在部门明年就要解散了，何去何从还需要等待上级决定。

他从未想过这样的事情会发生在自己身上，原本等着加薪就去买房的他不得不换了一份新工作，工资非但没有增长反而减少了，原因是新东家打听到他之前的组被解散了，说明KPI（关键绩效指标）肯定不够好。

//

王爷说："我们总是在追求所谓的自由啊，无拘无束啊，安全感啊这类并不绝对存在的事物上耗费了太多的时间，但其实危机才是生活的常态啊！那些说自己人生一帆风顺的人可能只有二十来岁，也没有经历过什么大风大浪，而那些迟暮老者根本就没有谁敢说自己的人生是在安稳中前行的，因为根本不存在没有压力的人生啊。人活着本身就是一种压力。"

很多人说自己因为工作、生活、家庭、爱情，种种压力让自己透不过气来，好想脱离一切彻底消失几天去过没有人知道自己的生活。但是，那样的生活真的存在吗？

人总以为换了一个环境就可以换一种状态。其实哪有这样的？换了一个环境，就必然会认识新的人，接触新的事，在新的关系中产生新的压力。即使是自己一个人，那种与世隔绝的孤独，虽然让你享受，也会在某一个时刻让你有一丝丝的不安吧。

所以，不安是无法消除的，生活的本质也不是消除不安，而是在不安的世界安静地活着。

记得在很小的时候，父母每次出门去朋友家，没有在约定的时间回家，我就会在心中生出各种不安的想法。好在最终他们打开门，走了进来，和我微笑。那一刻，那种不安才彻底消除，我甚至会因为那一丝不安的存在，而反衬出对他们平安归来的喜悦。

说到底，我们心底那一丝丝不安，其实更像是为成功和顺利铺垫的前奏。

不想让好运溜走，就更珍惜拥有的每一刻，害怕不好的事情发生,就更加步步为营。

谁也不知道下一秒会发生什么。

居安思危,永远是生活的真谛。

就像王爷所说的那样:"我的生活总有一丝丝的不安,那样就很好。"

当别人和你说忙时,是要留时间给更重要的人

前段时间,我朋友非常生气地和我抱怨了一件事。他说他要和交往了快七年的朋友绝交,并且永远不会再和对方有任何交集。

事情是这样的。

他和他的朋友认识将近七年了,其实他们真正一起相处的时间也不过是大学四年和刚毕业那一年而已。刚毕业的时候,他们一起在上海租着小房子,过着惺惺相惜的生活。没过一年,他朋友就接到北京一家公司的offer(录用通知),薪资待遇都比当时上海的工作要好。无奈之下,朋友搬离了那个小窝。他们就此上海北京两地相隔,时不时出差吃顿饭,见个面,关系一直很好。

前不久,他朋友因为公事到上海来出差,他从朋友圈知道了这件事,便发信息给朋友,说晚上一起吃个饭吧。结果,朋友居然回绝了他,说这次行程匆忙,下午忙完就要赶飞机回北京。他也没有当回事,觉得朋友忙就下次聚好了,回了一句"好的",想着这件事就此结束了。

不料,晚上他们居然在一家小餐馆相遇了。

他没有想到那个说自己行程匆忙要赶回北京的好兄弟此刻正在

小餐馆里和一群人喝酒划拳，不亦乐乎。当他们看见彼此的时候，他上前去打了个招呼，他看见朋友脸上的表情特别尴尬，也没有多说话，就坐到了楼上。

事后，那个朋友也没有发信息来解释，他也没有多过问什么。第二天他从朋友圈里看到他确实一大早就飞回北京了，然后给我打电话说了这件事。他说，他再也不把那个人当朋友了。

说起来，这件事情怎么看都是他朋友的错。有些事其实摊开说，或许没有什么大的问题，遮遮掩掩，反而导致了彼此的误会。

可我细想了一下，又觉得对方或许正是为他着想，才没有把实情告诉他。

当我这么说的时候，我朋友就不理解了，他说："事到如今，你怎么还帮着别人说话，不来开导我？"

我说："开导一个人是应该让对方认清事实，而不是说一堆没用的鸡汤让他暂时宽慰。"

我说："他之所以没有告诉你他要陪别的人，就是害怕你知道后，会自我代入进行比较，会觉得自己没有那些人重要。我们先不说你是不是这么小肚鸡肠，但说到底，站在他的角度，他始终会有这样的顾虑。原因很简单，他只有有限的时间，选择了陪别人，自然是同等情况下，别人就显得比你更重要；但因为在乎你，才没有办法把这样的事实告诉你。"

我这个朋友觉得我有些强词夺理，打电话给我不但没有得到安慰，反而还被揭穿了真实想法。他生气地挂断了电话。

一个星期后，我正巧和王爷聊天，说到了这件事。我也疑惑，不知道自己是不是真的说错了。谁料王爷就回了我两个字——

幼稚！

　　王爷从头到尾就是一个把人和人的关系看得很淡的人，她不是不重情，而是理解这个社会的规则。王爷给我发了一段语音，我原本想保存下来，可是发现语音无法保存，也只能听听了。

　　她说了一段话，我觉得很有道理。

　　她说："质疑友谊这件事原本就说明你不信任你的朋友，这和你发信息对方没及时回，你就当他耍大牌一样。说到底，还是你自己对这份友谊动摇了。"

　　做事要讲求逻辑，要有主次的区别，要排出先后次序，有效率的人生就是能把握轻重缓急的人生。因此人们在人际交往中，感情也就有了亲疏远近之分。不是说你不重要，而是在特定的环境下，可能有更重要的人需要招待或者更重要的事需要处理。吃一顿饭这种事说到底随时都可以做，但客户和机遇或许就只有那一夜而已。

　　这个社会说到底是个现实的社会，人际关系也原本就是现实的另一种写照。

　　王爷说她曾经也遇到过类似的情况。

　　她原本提前一天就约好了要去朋友A家，却临时被A告知不舒服不能接待，于是她就顺理成章约了B，却不料B正巧要去A家做客顺道谈一点儿事情，说带着王爷一起去。王爷当时为了避免尴尬，就说既然有要事谈，就算了吧。事后，B自然告诉了A这件事，但是王爷却丝毫没有怪罪A的意思。她既没有询问这件事，也没有等到A的解释，两个人就像什么事都没有发生过一样，依旧保持着朋友的关系。

　　其实有时候，我们总是纠结于一件事反而把事情弄得越来越糟，我们总是把一些鸡毛蒜皮的小事当作天大的事，非要打破砂锅问到底，追根追底地问清楚，然而，并不是每件事都像我们想的那样复杂。

王爷说："如果因为这件事，朋友就疏远了，那就疏远吧，任何刻意挽留的关系都是摇摇欲坠的。但如果大家都没有把它当成一回事，就谈不上疏远不疏远了。"

但如果连要一张卫生纸这种事也希望对方第一时间找你的话，那你就好好生气去吧。

当别人说他忙的时候，或许是要留时间给更重要的人，或许在那一刻那个场景，你并不是最重要的那一个，但并不代表，你就一定是被对方忽略的那一个。

我们当然希望自己成为友谊中被对方看得最重的那一个，但事实上，感情双方，永远只有我们自己才最看重自己。任何一段关系都不应该是强迫和控制的，更不要把自己和利益关系放在同等的天平上。随缘和放宽心，在爱情和友情中，同样适用。

抱歉,我的工作是伺候公司,不是伺候领导

记得我和王爷在一起工作的时候,总会有几个周末,坐在一起,请她听我抱怨工作。有一次,王爷非常明确地和我说:"忍气吞声的年代早就过去了!我们的工作是一起把公司搞好,不是把领导哄好。"后来我把这句话原封不动地告诉了我的高中同学们,我的同学们大部分笑话了我一顿,说:"你连领导都哄不好,你还搞好什么公司?"

可是我很快就否认了他们的观点。

那时候和我一起工作的许多人中间,确实有那种帮领导端茶倒水的人。很多时候,这种人也不是领导安排的,就是每次领导暗示需要什么的时候,他都会屁颠屁颠地跑过去办。虽然领导也在某些场合(大多数非正式)表扬过他,但到头来,他也没有因此而升官发财。领导该骂的时候还是会骂他,一点儿也不会因为他平时献殷勤就饶恕他几分。只要事情搞砸了,影响了领导的业绩,他就变得一文不值。而且这种人,到后来,不仅领导可以指示他做任何事,旁人也开始肆无忌惮起来。

王爷工作的那个组,和我所在的组里大概有着同样的员工结构。

简单点儿说，就是每个组里，总有一些人是不爱和领导打交道的，还有一些人是特别爱捧领导臭脚的；而不爱和领导打交道的人里面，有些人是专心扎在工作里的，还有些人是趁机做自己的事情的，公司爱怎么样怎么样，领导爱做什么做什么，事不关己高高挂起。

当时有个小姑娘，算是专心工作、不爱搭理领导的那一类。她在公司里走得最近的人，是前台。因为她工作认真，所以经常会多用一些办公用品，而不得不去前台领。前台姑娘对这个小姑娘说："你这样总是一个人吃饭，不和领导走在一起，会被排斥的。"然后列举出×××、××和××××特别爱跟着领导，年终发钱算绩效的时候，他们肯定有甜头吃。这个小姑娘就不乐意了，说："他们每天吃吃喝喝，也没看着给公司做多少事情啊，为什么要给他们多发钱？"

这就是"90后"的职业观，其实也是非常正确的职业观。

有一天，领导的快递来了，在楼下。其实领导自己下个楼买杯咖啡就可以把快递拿上来了，但是领导偏偏坐在座位上没动，看着小姑娘在那边忙着复印东西，组里其他人又不在，领导就暗示她去楼下帮自己拿下快递。领导对小姑娘说，这种事情不过举手之劳，下楼拿一下也没什么。但小姑娘也顺口说了一句："您可以让快递直接送上楼来的。"这下领导就不开心了，说："让你做点儿事情，你就这样？"这下小姑娘也不开心了，正好平时喜欢捧臭脚的同事过来了，立马下楼帮领导把快递拿了上来，这件事就这么过去了。

接下来，领导心里肯定是对小姑娘有了看法，平时基本上也不怎么搭理小姑娘。后来组里出了事情，基本上每个人手上的数据都弄错了，当时领导大发雷霆，把每个人都叫到办公室里骂了一顿。结果轮到小姑娘的时候，发现她的数据居然是对的，这时候领导骂也骂不出来了，只能让小姑娘回去继续干活儿。

没多久，小姑娘发了一封辞职信给领导，没写什么内容，最后只写了一句：希望每个员工都能够有更多的时间来做自己的工作，而不是帮别人做事，这样或许公司会更好一点儿。她说得很委婉，但领导看懂了。

这个姑娘最后没成功辞职，被人事好说歹说留下了，后来换了组。

这个人不是别人，正是王爷。

前两天，王爷在网上看到一篇文章，内容大致是说实习生和刚进公司的新人就应该去做杂事、扫厕所、拿快递、接外卖。

王爷当时差点儿爆粗口，说："这个老板就等着破产吧！"这篇文章讲老板以前怎么爱员工，怎么为员工做事，浪费了一大堆时间，结果公司破产了，现在就知道珍惜时间了。那员工的时间就不值钱了？要是你孩子要喝奶，哭闹着打扰到你工作，你是不是要让员工去给你喂奶啊？员工帮你把杂事做完了，你一个人就能帮公司赚一个亿了？

那你请员工来干吗？自己单干就好了啊，请个保姆不是更省心？什么都不用操心，你想吃饭，保姆还可以给你喂嘴里。

王爷说："那些不把员工当人看的老板，最后自己就等着吃苦吧。"

请员工来是帮公司做事的，在有效的时间内为公司创造最大化的效益，不是说今天员工忍气吞声去帮公司扫厕所，第二天就能帮公司实现王健林口中的小目标了。

现在的一些企业，在校招的时候都说得天花乱坠，说他们的企业为员工着想,你可以感受到公司的关怀,有福利,有旅游,还有你想象不到的升职空间。到你面试的时候,他们最爱听到的就是你说喜欢团队合作。

结果团队在哪儿?

只要你一进了公司,老板就立马露出资本家的脸色来了,说:"你该洗厕所!金城武都洗过厕所,你算什么?"

王爷顺道和我说了一件她以前遇到的事儿,她们组那些捧臭脚的,真的以为领导就是坐稳江山的皇帝了。但是谁能料到,突然领导就跳槽了,或者调组了,换了新的领导,根本猝不及防。你伺候得了一个两个,你还伺候得了无数个啊?上一个领导记得你的好,下一个领导干脆就翻篇儿了。

因为公司压力大,很多人得了抑郁症,工作效率明显受到影响。好的企业(真的是好的企业),不仅要时刻担心员工流失,还要专门设立一些心理辅导课或者技能培训课。新人,应该从技术和专业尽快入手,为公司跑起来,而不是去做杂工。

当时一起进公司的有好几个小伙伴,我和王爷算是运气好的,上手快。她是工作能力强,我是遇到了好领导,但其他人就没这么好运了。一个小姑娘从进公司开始,就沦为苦力,每天的工作就是帮领导收快递,收了快半年的快递,我们基本都出师开始独当一面了,她还在收快递。没多久,她辞职了,她说:"我在这里浪费了半年的时间。"一气之下,连招呼也没打就走了。

王爷说:"谁也不是吃素的,那些口口声声说新人应该做杂工的老板,就是自己没学好人力资源学。请人来是为公司做事的,不是为领导做事的。先把利害关系搞清楚,再学做领导吧。"

你要相信，没有几个人真正站在食物链的顶端

王爷回来了。

王爷辞职游玩了一圈之后，回来了。

我们约在一家咖啡店里吃草（或许这是当下对于吃沙拉最流行的说法），大概有一段时间没见了，虽然她并没有什么变化，但我觉得她比之前精神状态更好了。我问她接下来有什么打算，她说没什么打算，在确定找到下一份工作之前，准备先好好想想自己到底要干什么。

在她消失的这段时间里，我以为她再也不会回来了：她屏蔽了朋友圈，发信息给她总是好几天之后才回复；她总是来不及打招呼，说自己要去潜水了，要去爬山了，要去剪羊毛了……唯一一次主动和我说话，是她开车追尾了。她给我发了一段语音，告诉我她追尾了，遇到了一个麻烦的车主，语言不通，她很烦躁，车是租来的，赔了点儿钱，但第二天她又欢快地去玩耍了。

那顿饭吃到最后，我还是忍不住问了她我长期以来想问的一个问题："你为什么辞职了？"

她说："因为我升职了。"

我以为我听错了，但看她并没有变化的脸色，确认她确实是说了"升职"两个字。我不解地问："你疯了吗？你升职了还辞职？正常人不是因为不能升职，才不得不跳槽去别的地方吗？"

她说："不能升职而跳槽去别的地方的人，那不过是缺乏安全感找的借口罢了。你以为跳个槽心情就会变好了，工资就会上涨了，机会就会多了？并没有！跳槽之后，你除了骂骂以前公司的不好，也不过是继续讨好下个领导罢了。"

我说："但我还是不懂，你为什么要辞职。更何况，你都没有想好下一步要做什么。"

她说："我想好了啊，从一开始我就想好了。"

王爷才没有很俗气地和我讲《穿Prada的女王》的故事，而是慢条斯理地告诉了我另一个故事。

王爷的领导叫Kare，进公司十年了，一直稳坐着最大组leader（领导）的位置。听起来她很厉害，就是那种每天开车上下班，穿一线品牌，在上海郊区有套别墅，每个月还信用卡几万的那种人。Kare在公司里叱咤风云，翻云覆雨，几乎没有人不听她的。在众人面前，她永远是雷厉风行的，今天说你动作慢，明天说他效率低。王爷的工位离她不远，王爷时不时也要接受几分教诲，整个公司几乎没有人听到Kare这个名字不抖三抖的。但是即使这样厉害的人物，也一样会讨人开心，这个人不是别人，就是她的直属领导。我们暂且叫这位直属领导Ben。

全公司上上下下都知道，Ben最喜欢的就是Kare，Kare从一个默默无闻的小兵慢慢被提拔到如此高的地位，基本上都是Ben的功劳。

"这样的故事很熟悉吧?"王爷问我。

当然熟悉,我自然知道这种事情。不但我知道,我相信各大公司都有这样的Kare。

王爷说:"但是上个月,Kare被降职了。"

"降职?"

王爷笑:"没什么好奇怪的,在公司升职降职都是正常的事情。"

我连忙问道:"她犯了什么错吗?"

王爷说:"没有犯错啊,不过有意思的是,她自己申请降职的。"

这样我就更不明白了。

王爷说:"你是不是很困惑,就像听到我辞职是因为升职一样困惑?"

我点点头。

据我了解,Kare可不是那种会申请降职的人。Kare进公司的时候,公司还是一个不足二十个人的初创公司。那时候Kare每天兢兢业业,就是希望有朝一日能够飞上枝头做凤凰。所以在这十年里,Kare一直活得小心翼翼,一面做好自己的事情,一面不断向上级靠拢,总是争取最苦最累的事情来做,慢慢地得到了领导的赏识,从组长到经理,从经理到主管,最终爬到领导的位置。她完成这个过程用了十年的时间。记得有一次年会,Kare回忆道,她曾经路过新天地,看着巴宝莉的LOGO(徽标),只能望而却步;现在满柜子的巴宝莉完全来自自己的努力。我相信当时她说的是真心话。

那么到底是什么事情让Kare选择了"倒退",而不是"进步"呢？

王爷说："你能想象吗？就在三个月前，Kare升职了，升到了跟Ben一样的位置。"王爷说这句话的时候意味深长，"接下来的事情可想而知，Ben不再对Kare赏识了，甚至开始挑剔Kare做的每一件事。当然，Ben会说，这是为了让你做得更好，毕竟你刚刚到这个位置，还有很多要学习的地方。正因为如此，Kare对下属的责骂也变本加厉起来。Kare不仅自己加班，也连带着下面的所有人加班，一旦下面的人出了一点儿纰漏，Kare就会爆炸，一般是对其人身攻击。

"更有意思的是，Kare对Ben的言听计从也越发严重，但与此同时，Kare也开始慢慢向Ben的上级领导靠拢，虽然一向八面玲珑的Kare在这中间变得非常被动。很多事情，她不但要向上级报告，还要再向Ben报告一次。"

"所以，Kare就申请降职了吗？"

王爷摇摇头："不，并没有，怎么会呢？像她这样的人，只会费尽心思往上爬而已。

"Kare意识到了问题的所在，她与Ben已经是平起平坐的关系，没有必要像之前那样，但是她又没办法越过Ben。她尝试去和上级交流，希望能够和Ben分到两个组去。而就是这个时候，上级告诉Kare，马上就会有一个晋升的机会，会在他们这一批人中产生，而且一旦升到上一个级别，Kare就不用担心现在这样的状况发生了。但这个机会只有一个职位，所以上级希望Kare做出一点儿成绩来。

"在那之后，Kare就变得更努力了，或者说对下属更严苛了。她对组内人员的利用几乎到了令人发指的地步，大家都认为她疯了。没多久，她下面就有人辞职走了。Kare为了保住业绩，将工作量平摊下来，结果导致所有人都很疲惫，而我因为工作一直很优秀，所以被分配了最大的工作量。

"最后的事情你应该猜到了，Kare并没有拿下那个职位。不但没有拿到，Kare还被辞职的同事举报了，邮件抄送给了全公司上上下下所有的人，将Kare滥用职权的事情披露无遗。而让Kare落选的不是别人，正是Ben。"

"所以Kare就……"

王爷说："你把她想得太简单了。

"Kare才没有就此罢休。因为这个事情，Kare心里面开始厌恶起Ben来，且不说Ben在这些年对于她的知遇之恩，光是这"一耳光"真是将过去的恩情全部扇没了。Kare从别人那里听说了Ben在上级面前对自己的评价描述，与Kare对Ben的描述恰好相反。Kare不仅没有升职，因为辞职同事的举报，还被扣掉了奖金。

"没多久，组内就接到了一个难度非常大的项目，而这个项目最后落到了我手上。我起初并不想接手，但现实层面上，Kare组内确实没人了，我处于'不得不接'的境地。Kare当时只对我说，只要你做好了，这次评价就给你A级，奖金可以拿到工资的三倍。然而这样的诱惑对我并不起作用，我最终接手，只看重了一点，就是这个项目是自己没有处理过的案例，应该可以从中学到很多新的东西。因为这个项目确实很难，整个过程推进得也非常缓慢，我花了一个月的时间来将项目的来龙去脉都弄清楚，第二个月省事了很多。

"而这两个月里，又发生了一件事，Ben的上级领导跳槽了，总公司在考虑要不要将Ben再升上去一级来弥补空缺。所有人都在私下谣传，Ben立马就要坐上大中华区CEO（首席执行官）的位置了。就像当年的Kare一样，Ben简直就是总公司各领导面前的大红人，扶摇直上这种事情发生在他身上一点儿也不奇怪。

"可最后有趣的是，Ben落选了，Ben向上级提出的一个计划也被打回来了，并且同一时间，Ben在全球连线的电视会议上受到了严厉批评。原因是跳槽离开的领导告诉了同级的其他人，说Ben并不是一个可靠的人，Ben不但诋毁下属，而且还唯恐别人和自己平起平坐，最重要的是，他试图贿赂上级。这件事一被爆出，Ben彻底失宠，从之前的位置连降两级，降到了比Kare更低的位置。

"Ben当然受不了这样的打击，降职第二周就辞职了。

"而Kare正好借此机会一雪前耻。"

"那降职是怎么回事儿？"

"原本公司是想把升职后的Ben外派到孟加拉国去做区域业务领导的，这下Ben没机会了，始终还是要有人来替补的。筛来选去，最后自然是锁定到了Kare身上。公司说只要Kare从孟加拉国回来，就给她再升一级。但是孟加拉国那种地方，Kare是打死也不想去的，但是Kare又不可能直接拒绝，所以，Kare想了一个办法，就是告诉领导，她怀孕了。因为Kare怀孕，公司不得不暂停了外派去东南亚那边培养人才的计划。

"但你也知道，Kare并没有怀孕。纸包不住火，这种事情三个月就立马暴露。当你撒了一个谎，就要用一千个谎来弥补。Kare只能在三个月后，告诉领导，孩子没保住，因为工作太累了，或者别的什么原因。领导也为Kare感到心痛，于是给了Kare一个多月的休息期。而这一个月彻底改变了公司的格局，因为Kare的休假，公司很快就有人冒出来。曾经捧Kare的Ben已经不见了，没有人再向领导安利Kare。公司少了一个Ben，还有千千万万个Ben，公司少了一个Kare，还有千千万万个Kare。没多久，下面一个叫骆冰的姑娘，就坐到了和Kare一样的位置。"

讲了这么多，王爷有些累了，说："不如我们换个故事来讲讲。

"人类出现之前，地球已经经历了很多时代。1927年，埃尔顿第一次提出生态学食物链的概念。什么是食物链，我相信每个上过生物课的人都知道。"王爷喝了一口柠檬水，接着说，"我们常常说，站在食物链最顶端的生物，往往是控制性最强的，换言之，在职场上也适用。在如今复杂的社会关系里，我们总觉得活得最累的是底层的人，但其实并不是。我们曾经在生物学里学到一个概念，站在食物链顶端的生物虽然有最大的主动控制权，但也有一个最大的问题，就是层层生物的吃与被吃，产生的毒素自然被上一级食物链吸收，顶端食物链的生物，往往是摄入毒素最多的生物。

"你懂吗？"王爷问。

"我当然懂。"我笑道。

王爷在Kare请假的那段时间，最终完成了那个项目。完成之后，Kare实现了自己的诺言，给王爷打了A的评价，而没多久，就有上层找王爷谈话，希望她能够代替Kare成为下一个领导组内的人。

王爷吃完了盘子里的沙拉，说："我对职位从来都没有兴趣，你知道，在等级面前，我宁愿选择退出。不为别的，只为不让自己落入更庸俗的争斗。如果你愿意给我更多的钱，我愿意；但如果你要给我更多的负担，我拒绝。人需要得到认可，但并不需要叠加约束，不是你做得优秀你就应该付出更多，不是你经验丰富你就应该包揽所有。可能更多的人选择追名逐利，更愿意在攀登和你争我斗中实现价值，但我不是。我更需要的，只是让自己活得舒服。"

没有几个人真正站在食物链的顶端，除非他是一个愿意吞食毒素的人。

Kare将王爷的升职报告交上去的那天，王爷请假了，王爷坦诚地对Kare说，她要走了，她把手机和电脑都退还给了公司。Kare问她接下来要去哪家公司，当Kare带着猜测爆出同行内实力强大的其他品牌时，王爷说，都不是。

一个月后，王爷对我说，她找了一份新工作，一份我完全想不到的工作，是在餐厅试吃。对，只要吃就行了，然后把自己的心得告诉其他人。我说："这是什么样的工作？"她说："让自己舒服的工作。"

后　记

美好的事莫过于找回自己

有接近一年的时间，我回归到一个人生活的状态。这种状态是偶尔会令人觉得孤单，但并不会因为他人而有所牵绊；可以非常自在地做自己想做的事，甚至放肆地生活在这个世界上，不必去考虑太多；也渐渐依赖自己，会遇到很多之前没办法解决的问题，也开始试着自己去学习解决它。当你意识到自己越来越强大的时候，可能这种"独自一人"的状态反而让你充满自豪感。

我曾经也是一个丢失掉自我的人，停掉了微博的更新，不接触之前的朋友，想要努力工作，好好赚钱，非常认真地把自己变得更加优秀，却离快乐越来越远。在上海工作的那两年半里，我渐渐变成了朋友眼中的普通人，他们极少再提及我的作品和我写作的任何内容，并把我归为和他们一样在工作赚钱准备成家的人。有时候我会想，到底哪一个才是真实的自己。就像是飞行在哥谭天空的韦恩，也常常质疑自己到底是锦衣夜行的黑暗骑士，还是富可敌国的豪门少爷。每个人都有着内心渴望的和现实扮演的两种角色，于我于你，都是如此。

二十四岁的这一年，我由一个热血沸腾的少年慢慢变得中庸，沉沦于生活的桎梏之中，生活变得单调乏味。当我有足够的积蓄去购买曾经喜欢的商品时，才发现原来时间摧毁了我的兴趣，我原本以为爱不释手的东西也变得索然无味起来。

多少人都曾渴望改变生活，最后不得不被生活改变。

后来我趁着夜晚写了一篇故事、两篇故事，三篇、四篇、五篇……放在自己的公众号上，粉丝由一个两个，到一百两百，再到五千一万……不断攀升的数量，每天晚上阅读读者的留言，让我对写作重新找回了信心。我一直思考到底自己想要的是什么样的人生，却忽略了我原本可以依靠能力为自己带来想要的人生。这句话或许有些长，但确实是当时自己的深刻体会。

无意中想起《姑娘，你不缺智慧，缺的是女王的精致》竟然受到了无数读者的追捧，进而多家媒体竞相转载。一时间，"王爷"成了读者膜拜的对象，也让读者开始对我越来越认可。后来我陆陆续续撰写的故事都和王爷有关，竟在无意间促成了这个"王爷系列"的诞生。或许我无须什么多余的笔墨来推荐这一系列故事，因为我知道，你从中可以读到你想要的精神寄托。

我不是一个爱说教的人，也一直强调自己所描述的生活不一定适合每一个人。但是当我们面对选择的时候，我想，我们必须要鼓起勇气去为自己负责。在成年之前，帮我们做选择的往往是父母、老师、长辈，而成年之后，为我们做选择的往往是家庭、生活和时间。我们很少为自己而活，是因为我们总是担心一旦选择了自我，就变成了自私的人。或许，我们多半活得不快乐，也开始变成父母那样的人，将自己没有活出的人生，强加给孩子，甚至下一代人。其实，不管你选择不选择，最后你可能都会变成自私的人。

与其如此，你为何不去看清自己的内心，好好去过自己想要的生活呢？或许你想要的生活比预期的还要艰难，甚至会让你变得贫穷、失败、一无是处。但是，当人真正在追逐自己内心所求的时候，人永远都不会感觉到辛苦。因为你爱，所以你知道朝着这个方向，才接近最真实的自己。

我们这一辈子会辜负很多人，但回头来看，辜负最多的恰恰是自己。

我们离真实的自己有多远，我们就离快乐有多远。长途跋涉，追求的其实不一定真的是梦想，但一定是那个不忘初心的你。

周宏翔

2015年6月4日